日本料理刀工专业教程

鱼美 贝美 肉美 蔬菜加工一本通

[日]岛谷宗宏 著

曾剑峰 译

U0250943

人民邮电出版社

北京

导　语

　　这是从日本人注重感性、风雅的精神中诞生的花鸟风月的世界。

　　从八寸、生鱼片、煮物等的料理中，也会反映出四季的景色和花鸟风月，这就是日本料理的精髓。

　　为了营造美妙多彩的料理，装饰摆盘的技巧是必不可少的。

　　看不见的部分的装饰也同样重要。

　　大家认为做起来很困难、很麻烦的摆盘技巧，在本书中将会从预先准备到完成摆盘一一细说，同时介绍应用到装饰摆盘的时令料理。

　　要掌握摆盘技巧，"大小要切得一样""皮要剥得一样厚"这样的基本功是非常重要的。

　　即便是觉得很难的技巧，只要掌握诀窍，多加练习，也一定能够掌握好感觉。

　　如此一来，完成好看的摆盘的时候，我们也会格外高兴。

　　当你拿到这本书的时候，装饰摆盘的世界就会向你敞开大门。

　　在珍惜传统的同时，开拓新式料理，创造出属于你的料理世界吧。

岛谷宗宏

目 录

第一章

春季摆盘

〈蔬菜〉独活、蜂斗菜、春卷心菜、芦笋、竹笋、
玉簪菜、菜花、荚果蕨、小卷心菜、楤木芽，
〈水产〉鲣鱼、樱鳟、鲻鱼、鲷鱼、六线鱼、沙
氏下鱵（针鱼）、赤贝、蛤蜊等春季的食材。

春季食材

春季是万物生长的季节。当季的食材也充满了生命力。

说到春季的蔬菜，就是山菜、独活、竹笋这些了。

山菜有独特的苦涩和香味，独活有清脆的口感，竹笋根据切法不同而呈现出多彩的口味。

说到春季的鱼，那就不得不提樱鲷。

因为临近产卵，鱼肉非常鲜美。对鱼肉的切法不同，使得观感和味道都有非常丰富的变化。

春季八寸

采用竹笋、独活、鲷鱼、饭蛸这些当令的蔬菜鱼类，让料理看起来春意盎然。

【春色拼盘】
竹笋鹿子饼酒盗烧、酿竹笋（取芯，留笋皮）、卷心菜鸡蛋、甜醋酿樱花独活、花瓣独活、六线鱼木芽烧、蛤蜊白酒烧、樱鳟菜花烧、昆布鲷鱼拌鱼蓉、饭蛸荚果蕨淋黄味醋

9

春季刺身拼盘

春季当令的水产加上合适的摆盘，可以让料理种类更丰富，口感更多样。
从而表现出充满生机的春季海洋的感觉。

【春季的海边】

鲷鱼刺身、针鱼刺身、赤贝壳盛、竹蛏夹柠
檬、樱鳟菜花卷、网状萝卜、波浪状萝卜、
黄瓜卷、黄瓜雕花、海鸥状萝卜

春季煮物

活用来自大海山林的恩赐，我们精心制作了味道丰美的两道烩鱼，让食材的味道完全发挥出来。

【烩煮樱鲷】
樱鲷、小卷心菜、菖蒲状土当归、竹笋、蜂斗菜结、山椒芽

【炖煮鲲鱼】
鲲鱼、竹笋、菜花、花状胡萝卜

春季火锅

蛤蜊、竹笋和裙带菜。将这几样天生就很搭的食材组合起来，做成一道充满春季香气的火锅。

【 蛤蜊锅 】
蛤蜊、竹笋、裙带菜、独活条、山葵、菜花、樱花

15

春季寿司

把美味都握在一起的手鞠寿司。
鲜艳的色彩和动人的姿态表达了春天的喜悦之情。

【 各式手鞠寿司 】
昆布鲷鱼、针鱼鹿子、赤贝鹿子、鸟蛤、樱鳟、
花瓣百合根、花瓣生姜、山椒芽

妆点春色的摆盘 〈 八寸 〉

我们来介绍一下春季八寸中用到的摆盘食材吧。

八寸可以最大限度地用上所有时令的食材，更加容易地体现出季节性，对一个料理人来说是一个相当重要的舞台。我们可以有效利用摆盘技巧，尝试展现出各种春天的感觉。

春色拼盘

❶ 拌昆布鲷鱼

将鲷鱼肉厚身的部分切成均等的条状，用昆布包着过一夜，然后与豆腐渣拌在一起。鱼肉切成长条状可以让包衣不容易掉落，口感也会更佳。

❷ 饭蛸荚果蕨淋黄味醋

将荚果蕨对半切开，让断面形成一个漂亮的螺旋状。处理过后的饭蛸头部比较多卵的部分要充分煮熟，触手部分过过热水以后稍微用火烤一下，就可以跟荚果蕨搭配出春天的味道了。

❸ 酿竹笋

将处理过的竹笋切成圆片，去掉芯的部分，在里面酿入鸡蛋卷煎。剩下的竹笋皮不要扔掉，可以留着做装饰，营造春天氛围。

❹ 六线鱼木芽烧

去骨的六线鱼用酱汁烤熟后，撒上椿碎的山椒芽以增添香气。六线鱼去骨以后，可以让鱼肉口感更松软，易入口。

❺ 甜醋酿樱花独活

把独活切成樱花瓣的形状，用甜醋稍微上色，制作出柔软的春天气色。

❻ 蛤蜊白酒烧

蛤蜊用酒蒸熟，再盖上白酒泡，用火稍微烤一下。要点在于，蛤蜊肉和贝柱比较硬的部分需要切暗刀（译者注：暗刀指在食物一般不会让人看到的一面切花纹，让食物更容易入味或者更易熟的一个操作。）。

❼ 竹笋鹿子酒盗烧

将处理过的竹笋根部切成圆片，在断面切格子纹，在上面盖上酒盗烤制而成。格子纹可以让竹笋更加入味，外观也会更好看。

❽ 樱鳟樱花烧

把樱鳟切成细长条状，鱼皮部分切暗刀以后烤一遍。然后把菜花碎和蛋白混合，盖到鱼肉上面烤出香味。

19

妆点春色的摆盘〈 刺身拼盘 〉

　　我们来介绍一下春季刺身拼盘中用到的摆盘吧。
　　鲷鱼、针鱼、赤贝这些春季的水产类经过摆盘以后，可以让口感更好，同时，增添了华丽的色彩。而萝卜、青瓜这类常年都能买到的蔬菜，经过精心处理后，也会成为刺身中不可或缺的漂亮配角。

春天的海边

❶ 鲷鱼造姿刺身·鲷鱼松皮刺身·鲷鱼削薄刺身

把临近产卵，充满鲜美的樱鲷做成造姿刺身。加上用开水烫过的松皮刺身，以及摆成波浪状的削薄刺身。

❷ 萝卜网

在萝卜上切出细小的切口，然后旋成薄片，做成萝卜网，用来表达春天的渔业丰收之喜。

❸ 鸣门青瓜

用旋成薄片的青瓜展现出春天大海中充满气势的漩涡。

❹ 波浪青瓜

青瓜削出两片薄片，再分别折进里面，表现细小波浪的形象。

❺ 针鱼造姿刺身

别名报春鱼的纤细的针鱼，分别做成拍子木（长方块状）、旋涡状、短册状三种，做成像是蜷缩在巢中的造姿刺身。

❻ 赤贝壳盛

当令的赤贝切格子纹，连同青紫苏、穗紫苏一起做成壳盛。赤贝切好以后在砧板上拍一下的话，肉会一下子翻起来，口感会更好。

❼ 樱鳟菜花卷

樱鳟薄切，卷着菜花，再放上切成海鸥形状的萝卜。

❽ 波浪萝卜

把旋好的萝卜片重新卷回去，切开一半以后稍微铺开，做成浪花的样子。

❾ 竹蛏夹柠檬

竹蛏切片，去掉纤维以后，在中间夹上柠檬，增加清爽的口感。

妆点春色的摆盘 〈 煮物 〉

我们来介绍一下〈春季煮物〉中用到的摆盘吧。

春季当令的樱鲷和鲲鱼，鱼肉紧致，做成煮物的话将会非常美味。尤其是鲷鱼这种从头到尾都那么美味的鱼，如果学好预先准备的功夫，就能让人尽情享用这季节的恩赐了。由于煮物缺少色彩，可以用当季的蔬菜、花瓣胡萝卜、菖蒲独活、蜂斗菜结等材料来增添春天明媚的感觉。

炖煮鲲鱼

烩煮樱鲷

煮樱鲷杂碎

把鲷鱼的边角杂碎对半切开，加上时令小卷心菜做成美味的煮物。再加上切成菖蒲状的独活（①）、切成线状再打成结的蜂斗菜（②）、爽脆的芦笋（③），把这道菜装点出春天的样子。小包心菜的菜心部分切一个十字纹，可以更入味（③）。

炖煮鲲鱼

鲲鱼的鱼皮切纹，让它更容易入味，加上竹笋一起做成简单的炖鱼。用绿色的菜花和花瓣胡萝卜（④）增添春天的热闹气氛。如果把胡萝卜切成别的样式，可以营造不一样的氛围。

用鱼杂碎做出美味的一道菜

切鱼的时候所剩下的鱼头、带肉的骨头、侧鳍等部分就是杂碎。因为这些部分依然含有相当浓厚的鲜味，可以做出美味的汤汁。我们可以利用这些汤汁来做出美味的炖煮料理或者汤菜。去掉鱼肉暗红色的部分，再焯热水去腥，就可以拿去煮了。这也是对食材物尽其用的一种明智的做法。

妆点春色的摆盘〈 火锅 · 寿司 〉

我们来介绍一下春季火锅和春季寿司中用到的摆盘吧。

蛤蜊锅

给蛤蜊和竹笋都切好花样和暗刀以后，让两者都浸泡在各自美味的汤汁之中。独活和山葵可以更添一层季节感。

① 蛤蜊

因为蛤蜊可以做出香气四溢的汤汁，所以要在蛤蜊肉上开切口，让鲜味全部都发挥出来。

② 竹笋

在保留竹笋适度的嚼劲的同时，为了更好地吸收蛤蜊汁，在竹笋上轻轻划几刀。

③ 山葵

焯水以后的山葵拥有独特的黏黏的口感，和其他食材是一个绝妙的搭配。

④ 独活条

与蛤蜊和裙带菜不同，爽口有嚼劲是切条独活的特点，这种对比强烈的口感可以让料理更有层次。

各式手鞠寿司

  鲷鱼、赤贝、针鱼、樱鳟、鸟贝这些颜色艳丽的水产，在施加各式刀工，增加美感的同时，还在增强口感方面下了一番功夫。为了让人一口就能吃掉，摆盘的刀工和暗刀技术是不可或缺的。

❶ 赤贝鹿子寿司

给赤贝做鹿子切（3~5mm的格子纹）可以产生适当的弹性。细小的格子纹可以增加鲜艳和愉快的气氛。

❷ 针鱼鹿子寿司

将针鱼肉上切出细小的格子纹，弹性就能使鱼肉更容易捏成型。

❸ 昆布鲷鱼寿司

薄切的鲷鱼经过昆布包腌以后，会变得更加美味，鱼肉也会变得更加通透。

❹ 樱鳟寿司

把樱鳟软糯而富有脂肪的鱼肉削薄，会更容易入口。

❺ 鸟贝寿司

鸟贝表面富有光泽，轻轻拍打过后口感会更好。

❻ 花瓣生姜 花瓣百合根

把用甜醋腌过的生姜，以及百合根都切成花瓣形状，撒到料理上，增添春天的风情。

独活

独活的颜色洁白，加上相当好切，让它成为一种适合用作摆盘的春季代表食材。作为拌碟自不用说，活用独活的口感，把它做成拌菜也是可以的。因为在外皮内侧有少量比较硬的纤维，所以削皮的时候要削厚一点。

预先准备

削掉3mm左右厚度的皮，把硬纤维去掉。

花蕾

1 将削好的独活切成5~6cm长，再削成花蕾状的圆锥形。

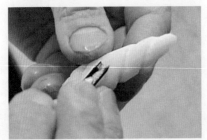

2 用三角刀雕出螺旋纹。

菖蒲

1 将削好的独活切成5cm×1.5cm的块状，再切成梯形。

2 在①的独活块两边切出对称的开口。如果两边厚度不一样的话，平衡感就会很差，需要注意。

3 把②的独活左右分开，让水一冲就会散开。

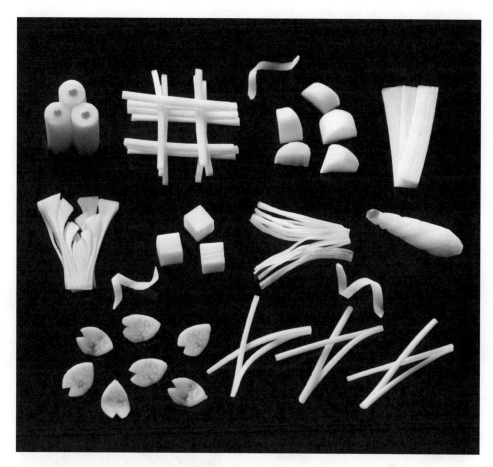

<u>各式独活雕花</u> （上方从左往右）圆筒状、条状、不规则形状、短册状，
（中间从左往右）菖蒲、块状、切丝、花蕾状，（下方从左往右）花瓣、松叶

一品料理

独活拌醋味噌
把独活切成不规则的形状以后，拌
以醋味噌的一道料理。可以让人品
尝到爽脆的口感和春天的香气。

独活皮金平
把皮削厚，再切碎，把纤维都切断，
做成口感很好的一道金平。

竹笋

证明春天到来的代表性食材。可以轻易地被加工成各种形状，在很多料理中都可以用到。竹笋不同部分的软硬和口感都会不同，所以需要区别使用。如果要做成煮物的话，为了让竹笋口感更好，需要先把纤维都去掉再煮。

预 先 准 备

1 在竹笋纵向切一个开口。

2 在锅中加入米糠和红辣椒，加水煮。

3 煮熟以后剥皮。

4 用刀背刮掉硬的部分。

炖煮材料

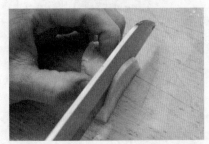

给竹笋块切几道口子，把纤维切断，也让竹笋更加入味。

切 粒

切成边长1cm左右的小粒。这是考虑到易入口和易装盘的一种切法，适合做成拌菜。

削

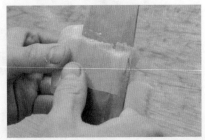

在需要用来包卷其他食材，或者要切成细丝的时候，根据需要削成不同厚度的片。

竹笋筒

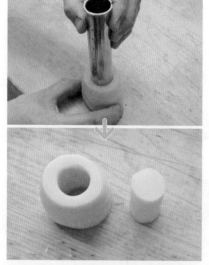

取芯以后，可以在里面酿入馅料或者寿司之类的食材。在完整长度的时候取芯、酿入馅料以后再切段，切面就会比较美观。

嫩壳

1 纵向切开。

2 笋尖和外皮的硬度会有变化，所以纵向切开以后，要从切面开始慢慢轻轻地切，只取能够轻易切开的部分。

一品
料理

酿竹笋
在去了芯的竹笋之中酿入加了鸡蛋的卷煎，放上竹皮做装饰。

拌山椒芽
切粒竹笋拌山椒芽，是春天不可或缺的鲜香料理。

蜂斗菜

蜂斗菜拥有独特的风味和口感。切碎以后,菜的绿色会显得特别清爽。可以活用到各种切法,是料理中有名的配角。

预先准备

1
切成适当的长度,抹上盐,在砧板上搓揉均匀。

2
煮熟以后去掉薄皮。

切碎

切成小碎片以后,会形成一个中间开口的圆形切面,用来做拌菜一类的话会更有层次。

斜切

斜向切5mm左右厚度,可以突出蜂斗菜清脆的口感以及独特的风味。

切丝

把蜂斗菜纵向切成丝,可以用作蜂斗菜结,或者寿司卷的芯之类的材料。

一品料理

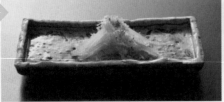

蜂斗菜结土佐煮
将蜂斗菜切丝打结,浇上满满的鲣鱼汁,再稍微用火烤一下,便是一道香气四溢的料理。

蜂斗菜茶泡饭
切碎的蜂斗菜清爽的绿色相当好看,加上干海参卵巢的鲜味,让这道茶泡饭口味变得非常清爽。

拥有洁白鱼肉和高雅清淡口味的六线鱼，是春季碗物中不可或缺的食材。由于有小骨，需要做切骨处理。

六线鱼

预 先 准 备

1
从上侧腹部开始下刀，然后从背部下刀，把上侧鱼肉起出来。

2
侧面的鱼肉也起出来，总共切成三块。

3
用骨钳小心去掉小骨头。

切 肉

1
刀从鱼肉上轻轻往前推，在鱼肉上切出3~4mm间隔的切口。深度大概是刚好不要把鱼皮切断。

2
如果是做成碗物的话，就把切骨过后的鱼肉切成适当大小，抹上盐和淀粉。

需要非常熟练操作的高级技巧

切骨是处理海鳗、六线鱼这些有很多小骨头的鱼类的时候用到的技巧。通过切骨处理，可以让鱼肉口感更佳，同时让口味清淡的鱼肉更容易上汁。

一品料理

六线鱼碗物

加上切丝独活、薄切竹笋、山葵、山椒芽后，就可以品尝到油分恰到好处的清雅白肉了。

鲷鱼

味道、外观都相当有品位，是各种宴席上的常客。春季的鲷鱼被称为樱鲷。切开三块以后，可以做成薄切刺身或者薄片刺身，抑或是做成松皮刺身，可以让人品尝到鱼皮和鱼肉之间脂肪的甘美。鲷鱼可以用不同刀工做成各种各样的高级料理。

预先准备
切成三块

1
把头切下来。

2
用刀从腹部切到脊骨。

3
沿着脊骨把一侧的鱼肉切下来。

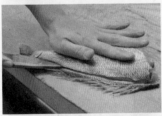

4
翻到另一面，从背部下刀。

5
切成这样的三块。

对半切开

1
把刀刃切入门牙的缝隙中，再一口气切开。

2
切成易入口的大小。

3
两边鱼头各切成三块。

切三块是基本中的基本

把洗过的鱼的头部切掉，再分为上侧肉、下侧肉和中骨三份，这种切法是做刺身的时候必不可少的基本技巧。下刀的次数越少，越能保证鱼肉的完整。重要的一点是，要尽量把鱼肉都起出来，中骨剩下的鱼肉要尽量少。

薄切刺身

按着鱼皮，把鱼肉切成5mm左右厚度的薄片。这时候，要沿着肉纹来切，以保证口感。

薄片刺身

切成2~3mm左右厚度的薄片刺身。保留适度的弹性和口感，加上一点柚子醋可以让鱼肉更容易上料。

松皮刺身

1
在处理干净的鱼肉块的鱼皮一面垫上一块毛巾。淋上开水以后再过冰水。然后沿着鱼块，在鱼皮上切开口。

2
稍微倾斜着下刀，把鱼肉切成5mm左右厚度，做成松皮刺身。这样可以欣赏到鲷鱼独特的皮纹，也很有嚼劲。

切条

将鱼肉切成双开门状，再切成5mm左右粗细的条状。先把鱼肉切成双开门状，可以让鱼肉厚度均一，切出来的鱼肉条会更加美观。除了直接做成刺身，还可以做成拌菜。

一品
料理

昆布鲷鱼条刺身
切成细条的鲷鱼肉，用昆布包着腌制一晚，可以让鲜味更有深度。

赤贝

大多数贝类都是春天当令。其中，赤贝有着漂亮的鲜红颜色，可以有很多样的切法。丰富多彩的表现力可以让赤贝给不同的料理增添颜色。

预 先 准 备

1 把壳撬开。

2 用贝壳刀把贝柱切离。

3 取出贝裙。

4 去掉内脏等黑色部分。

5 切开。

6 把肠去掉，用盐洗一遍，去掉黏液。

筋 切

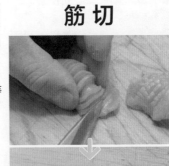

在赤贝肉的表面切2mm左右均等间隔的切口，从而发挥出最好的口感和观感，给人华丽的感觉。

34

 赤贝的各式切法

（上方从左到右）筋切、鸡冠型、草莓，
（下方从左到右）唐草、结绳

鹿子

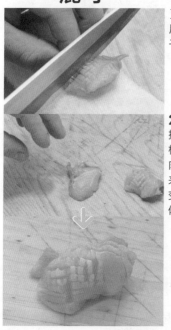

1
用刀切出格子纹。

2
把肉摔到砧板上，赤贝肉就会弯起来，让纹样变得更加立体。

唐草

1
在赤贝肉内侧斜着切出5mm间隔的切口，注意不要把肉切断。

2
相对于①的切口，直角下刀，切成5mm粗的细条。利用表面的弯曲，做成像是唐草纹的样子。

> **不要漏了任何一个步骤**
>
> 把赤贝肉往砧板上摔这样的小步骤，可以让赤贝吃起来有一种独特的颗粒感。

饭蛸

到了春天，饭蛸会结出很多卵。饭蛸卵就像米饭一样挤得密密麻麻，所以被称作饭蛸。饭（卵）和触须应用不同的料理方法，可以得到风格各异的口感和风味。

预 先 准 备

1 用盐搓揉，去掉黏液，再去掉触须尖。

2 切掉眼珠。

3 去掉墨囊和肠子，只留下饭（卵）。

4 将头和足部分离，去掉喙。

5 头部用竹签固定，防止卵漏出来，再煮熟。触须部分快速煮一遍，保留半熟的口感。

一品
料理

饭蛸淋黄味醋

　　淋上黄味醋以后，我们就可以品尝到饭蛸卵软糯的口感，以及触须的嚼劲了。

在贝类中，也是属于味道丰富的一种食材。把肉割一下就可以把美味引出来，也更容易入口。

蛤蜊

预 先 准 备

1
垫上昆布加酒加热。

2
开壳以后就可以熄火了。

3
取出蛤蜊肉，在贝柱上切切口，把纤维切断。

一品料理

蛤蜊真丈
充满蛤蜊鲜味的时令碗物。可以品尝到汤汁高雅的美味。

鲜艳的朱红色以及包裹着软香脂肪的鱼肉，是樱鳟的特征。因为鱼皮有黏液，比较不好处理，切的时候要多加注意。

樱鳟

预 先 准 备   **火 烤**   **手鞠寿司**

1 去掉上侧肉以后，把下侧肉的脊骨一口气切掉。

2 切掉背鳍。

需要火烤的时候，在鱼皮上切一个细小的刀痕，可以让鱼肉更容易过火，表面更香脆。

需要生吃的话，就切成3mm左右的薄片，把皮去掉。

一品料理

手鞠寿司
活用樱鳟的红色，让寿司显得更可人。

针鱼

针鱼通透的鱼肉和背部的银色形成的对比相当漂亮。可以通过切工展现针鱼纤细的皮肤。因为加工容易，所以可以有各式各样的切法。

预先准备

大名切

1 用骨钳把腹鳍拔除。

2 去掉头部，沿着中骨一口气把一侧的鱼肉切下来。

3 反过来，另一边的鱼肉也用同样方法切出来。

4 去掉腹部的骨头以后，用刀把背部的鱼皮去掉。

蕨型

1 把一侧鱼肉切成双开门状，同时去掉中骨。

2 切出细细的刀痕。

3 卷入青紫苏。

4 切成两半，整理一下形状，做成蕨草的样子。

鹿子

在鱼皮上切鹿子（格子）纹，再切成易入口的大小。如果卷起来装盘，就可以让格子纹样更加突显。

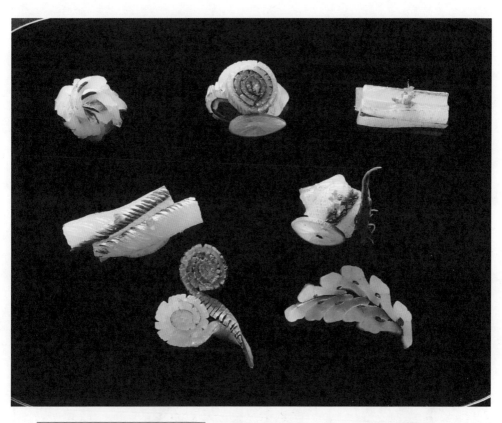

针鱼的各式切法　（上方从左到右）切条、鸣门、拍子木（醒木状），
（中间从左到右）筋切、鹿子，（下方从左到右）蕨型、紫藤

紫藤

1
把5片2mm厚
度的鱼肉叠起
来，从中间切
开。

2
把①的鱼肉立
起来，整理成
紫藤花的形状。

鸣门

1
和蕨草型一样，
把一边鱼肉切
成双开门，再
卷入海苔。

2
卷好以后切段，
看起来就像是
漩涡一样的卷
卷。

装饰切的工具和诀窍①

薄刃菜刀

专门用于切蔬菜的菜刀，就像名字所说的，是一种刀刃做得很薄的单刃菜刀。

〈削〉右手拇指放在刀刃与蔬菜接触的位置，左手拇指放在右方稍微靠上的位置。一边用拇指来感觉削片的厚薄以及刀刃的角度，一边上下移动菜刀。左手把蔬菜朝菜刀的方向慢慢转动。

〈切〉切的时候，菜刀要垂直于案板。如果要从不同角度下刀，可以把蔬菜转过来。菜刀要保持在同样的位置来切。

〈用刀尖切〉需要进行精细操作的时候，可以利用刀尖的部分。如果要再精细一点，可以把刀立起来用。

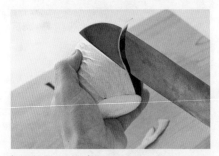

〈用整把刀切〉从刀刃根部开始切，把菜刀往身前拉过来，大幅度移动菜刀来切。这时候要连刀尖也要利用到。

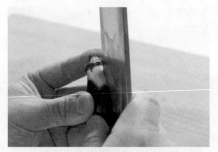

〈用刀刃根部切〉在需要切得很深的时候可以用这个方法。右手拇指放在刀刃上方，一边确认刀刃切入的深度，一边进行切割。

第二章

夏季摆盘

〈蔬菜〉冬瓜、茄子、玉米、金丝瓜、秋葵、青椒、青色芋头茎、蘘荷、黄瓜、西红柿，
〈水产〉鲈鱼、鳝鱼、竹荚鱼、红鱼、日本对虾、海鳗、星鳗、鲍鱼、虎鱼、章鱼等夏季食材。

夏季食材

夏季用于装饰切的当令食材莫过于黄瓜。
黄瓜容易加工，如果能够灵活控制黄瓜清凉绿色的浓淡，
就可以用在各种各样的料理中。
说到有什么鱼可以妆点京都的夏天，那就数海鳗了。
因为京都是远离大海的土地，所以尤其珍重生命力顽强的海，
以至于发展出切骨这种技术来享用这种美味。
章鱼也可以用上各种刀法，让口感更柔软，
紫红与白的对比让料理更显华美。

夏季八寸

拥有嫩滑口感，呲溜一声就滑入喉中的三式料理。
不论是眼睛还是舌头都能感受到它们的清凉。

【三式拌山药泥】

挂面南瓜西红柿拌山药泥（薄章鱼片、秋葵、鱼子酱），
酸拌海蕴秋葵拌山药泥（日本对虾、鹌鹑蛋），
鲍鱼挂面拌山药泥（梅肉、青海苔）

夏季刺身拼盘

用柑橘、蔬菜等当作容器，装着夏季的水产，冰做的盘子显得更有动感。

【夏季的鱼 冰盘装盘】
香母酢盛火炙海鳗、萝卜盛冷鲜日本对虾、柠檬盛
薄切红鱼刺身、西红柿盛竹荚鱼鹿子、三色椒杂锦
盛波浪切鲍鱼、桔梗黄瓜、蓑衣黄瓜、螺旋黄瓜

夏季煮物

鲜爽清新的绿色仿佛要刺穿眼睛。
切得细细的冬瓜以及针头粗细的佐料让人称赞。

【冬瓜面冰锅】

冬瓜挂面、柔煮鲍鱼、日本对虾、汤三叶（鸭儿芹）、酢橘
（三种佐料）蛋黄丝、黄瓜丝、海苔丝

夏季火锅

海鳗是夏天的风景诗。把它切开两边，增强口感，再加上与之相搭的洋葱。

【海鳗涮锅】

开边海鳗半竹盛、水菜、香菇、洋葱、西红柿

夏季寿司

色彩丰富的夏天蔬菜，把它们的色彩及口感展现出来，仿佛闪亮亮的宝箱一般。

【夏季蔬菜寿司】
秋葵海苔卷、鱼子酱圣女果、薄片冬瓜卷、青芋茎手握、甜醋蘘荷、玉米军舰、莲藕石笼、黄瓜卷

妆点夏天的摆盘〈八寸〉

我们来介绍一下夏季八寸中用到的装饰切法吧。

八寸注重夏天凉爽的感觉，把滑溜的山药泥与各种食材结合，制成色彩丰富的三式料理。切成小块的秋葵的绿色、切碎西红柿的红色、鲍鱼丝的黑色等，这些形状和颜色也是经过精心安排的。在组合同类的多种料理的时候，要点在于注意味道、分量、颜色等的平衡。

三式拌山药泥

❶ 酸拌海蕴秋葵拌山药泥

把碾碎的秋葵山药泥淋到酸拌海蕴上面，加上切小粒的日本对虾和鹌鹑蛋。秋葵的绿色和对虾的粉红色形成了色彩的对比。

❷ 南瓜面西红柿拌山药泥

南瓜煮过之后做成面条状，与碎西红柿和山药泥混合。南瓜面的黄色、章鱼片的白、秋葵的绿色五角形、鱼子酱富有光泽的黑，向人展示了这道料理的美丽色彩。

❸ 鲍鱼面拌鲍鱼山药泥

用萝卜夹着鲍鱼削成片以后，切成挂面状。生鲍鱼用研钵研碎以后，和山药泥一起淋到鲍鱼面上，再加上梅肉和青海苔。在一道料理中可以奢侈地品尝到鲍鱼的两种口感。

妆点夏天的摆盘〈 刺身拼盘 〉

我们来介绍一下夏季刺身拼盘中用到的装饰切法吧。

在冰凉的冰盘上，摆满了用各种色彩盛放着的夏季水产。波浪切鲍鱼、薄切红鱼刺身、竹荚鱼鹿子，等等，因不同食材的性质而采用不同的切法，可以增强口感，让美味更上一层楼。我们要明确抓住鱼肉的软硬，对症下药，用上正确的切法。鲜嫩的蔬菜也为料理平添一分清爽。

夏季的鱼　冰盘刺身拼盘

❶ 三色椒杂锦盛波浪切鲍鱼

充满嚼劲的鲍鱼切成波浪形，可以变得更加好入口，看起来也更有层次。三色椒圈注重色彩搭配，叠起来当作容器。

❷ 柠檬盛薄切红鱼刺身

红鱼是代表夏季的高级鱼类，切薄以后保留适度口感，用柠檬盛放。

❸ 萝卜盛冷鲜日本对虾

片开的萝卜重新卷回去，从外侧稍微散开，做成容器，在上面放上冷鲜的日本对虾。

❹ 香母酢盛火炙海鳗

切骨处理以后的海鳗，稍微用火炙烤一下，再放到香母酢做成的容器里。

❺ 西红柿盛竹荚鱼鹿子

去皮竹荚鱼切成格子纹，让鱼肉更容易沾上酱油。竹荚鱼搭配西红柿一起吃，口感会更清爽。

❻ 桔梗黄瓜

把切成桔梗状的黄瓜当成芥末盘使用。

❼ 螺旋黄瓜

这是一种表现不同浓淡的绿色对比和曲线美的装饰切法。

❽ 蓑衣黄瓜

把花丸黄瓜（带花的黄瓜）做成蓑衣黄瓜，有趣的口感为料理增添一分层次。

妆点夏天的摆盘〈 煮物 · 火锅 〉

我们来介绍一下夏季煮物和夏季火锅中用到的装饰切法吧。

冬瓜面冰锅

看到就能感到清凉扑面的冰锅，在里面盛满了翡翠色的通透冬瓜面。把冬瓜削成卷后再切成细面条状，能带给人舒爽的口感。

❶ 冬瓜面

把冬瓜削成3mm厚的冬瓜卷以后切成面条状，看起来就像挂面一样，口感会变得爽滑，易入喉。冬瓜削好以后重新卷好，再切成面条状，可以用在不同的料理上。不过，如果要获得顺滑的口感，就必须要削成均一的厚度。持续地削出一样的厚度是需要无数次练习的。→P68

❷ 三种佐料

蛋黄丝、海苔、黄瓜各自切成细细的丝状，可以更容易与冬瓜面缠绕在一起。

海鳗涮锅

开边海鳗做成涮锅，可以令人品尝到海鳗独特的鲜味与口感。香菇下锅之前切格子纹，会更容易熟。

❶开边海鳗

海鳗开边以后，连骨切成一片片的大鱼片。较大的表面积可以让鱼肉更快熟，也更容易沾上柚子醋，非常适合做成涮锅。

❷香菇鹿子、洋葱片、西红柿片

香菇切格子纹，下锅以后会更快熟。洋葱和西红柿切片，可以在海鳗的鲜味中加上一点酸甜味。

妆点夏天的装饰切 〈 寿司 〉

　　我们来介绍一下夏季寿司中用到的装饰切法吧。

　　用上多种蔬菜，加上各种不同的切法，把寿司做成一口的大小，做成寿司拼盘。黄瓜的嚼劲、蘘荷的爽脆、冬瓜的松软……各种口感和色彩同台演出，让人流连忘返。

夏季蔬菜寿司

❶ 薄片冬瓜卷

冬瓜切成薄片，稍微调一下味后卷寿司饭。放上田乐味噌以增加层次。

❷ 鱼子酱圣女果

把圣女果从上方1/3的地方切开，挖空果肉以后填入寿司饭，再在上面放上鱼子酱，得到一个色彩搭配和味道的平衡。

❸ 秋葵海苔卷

稍微煮过的秋葵当作海苔卷的馅儿，卷好以后斜着切段，切面的纹样也是一种趣味。

❹ 莲藕石笼

莲藕削成石笼状，卷入寿司饭，加入梅肉是点睛的一笔。

❺ 蘘荷寿司

蘘荷切掉根部，剥开一片片，再稍微过一下开水，用甜醋浸过之后做成手握寿司。鲜艳的红色和清爽的口味是它的特征。

❻ 青芋茎手握

青芋茎剥皮后稍微煮一下，调味以后做成手握寿司。加上白味噌，为夏天增添一抹清爽的色彩。

❼ 玉米军舰

把玉米蒸熟后削玉米粒，放到军舰寿司上面。

❽ 黄瓜卷

黄瓜削成1mm厚度的卷，黄瓜皮切成丝。以黄瓜丝做芯，用削出来的黄瓜片代替海苔把黄瓜丝卷起来。

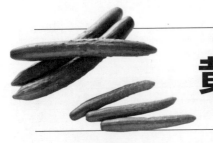

黄瓜

黄瓜除了给人清凉感觉的鲜艳绿色以外，还有爽脆的嚼劲以及鲜嫩的口感。黄瓜有多种多样的切法，是夏季的装饰切中的代表食材。

桔梗

1 薄薄地削成五角形。

2 沿着五个面削出一层薄薄的皮，注意不要切断了。

3 把花拧下来。

4 整理花瓣的轮廓。

5 冲水。

螺旋

1 切成5cm左右的段。

2 用竹筒掏空。

3 切开口，注意不要切断。

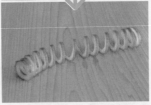

4 从右手边的切口开始切入刀尖，斜着下刀，让它与左边相邻的切口内侧连起来。最后把所有的切口都切开。

蓑衣

1 斜着切入细细的切口，切到中间为止。

2 另一边也切同样的切口。

3 冲一下盐水，让它变得松软。

黄味醋淋蓑衣黄瓜和虾

蓑衣黄瓜冲过盐水以后会变得松软，可以用作拌菜等的材料。因为表面积增大，所以更容易入味，黄瓜的形状也相当美观。

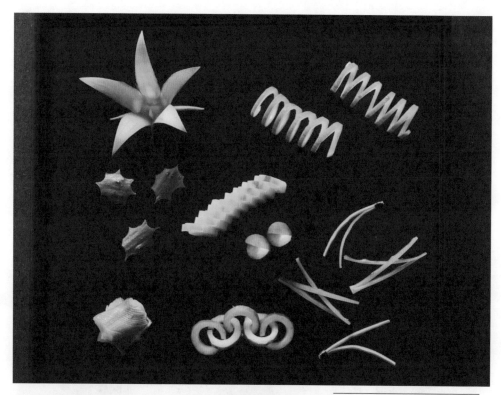

柊叶

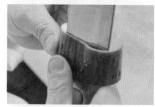

1 瓜皮厚削。

2 用模具切成柊叶的形状。用圆筒模具整理叶片的形状。

涟漪

1 削皮。

2 芯留着，从两边削薄，交接处不要切断。

3 整理形状。

黄瓜的各式装饰切法

（上方从左到右）桔梗、螺旋，
（中间从左到右）柊叶、涟漪、错切，
（下方从左到右）蓑衣、链条、松叶

4 ③切好后，把芯部下方切掉，形成平面比较好固定。削出来的部分切成3~5mm宽度，做成波浪的形状。

松叶　　　链条　　　错切

1 皮稍微削得厚一点。

2 把皮切成松叶状。

1 去芯的黄瓜切一个开口。

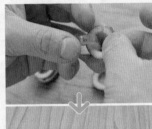

2 再切成轮型，然后连起来。

1 去掉头尾，中间留一个口子。

2 斜着下刀，切到①留下的口子位置为止，翻过来以同样手法下刀。

3 冲水，根部连接的地方用海苔包起来。

一品料理

雷干土佐拌菜
黄瓜切成螺旋状，风干一晚上去除水分，可以让黄瓜口感更独特，装盘形状更好看。除了用作装饰外，还可以用到拌菜或者醋拌菜之类的料理中。

鳗鱼黄瓜丝拌山药泥
切丝的黄瓜可以和山药泥很好地搅在一起，加上鳗鱼，可以给人清爽的口感。

斜切黄瓜片冷汁
黄瓜斜切成2mm厚度，可以增强口感，更容易沾上芝麻酱。

秋葵漂亮的绿色和切面的五角形，都能给料理带来清爽的观感。纵切或者剁碎，可以发挥出秋葵独特的粘湿口感。

秋葵

切小块

秋葵切成小块以后，切面会形成漂亮的五角形，可以用于拌菜或者用作汤菜的浮汤料。

剁秋葵

把秋葵轻轻剁碎。黏黏的秋葵碎可以用于拌菜或者醋拌菜。跟山药也很搭。

秋葵小片碗物

碗中满满地漂着切成小片的秋葵，给人夏天的感觉。

一品料理

纵切

纵向切成长条，除了可以用作料理的拌碟以外，还可以用于天盛式等讲究高度的装盘。

斜切

斜刀切块可以形成尖锐的切面和角，适合用于拌菜。

秋葵拌芝麻

在切成随意小块的秋葵和虾上，拌上一点芝麻酱汁，给人清爽的风味。

西红柿拥有强烈的红色以及清爽的酸味，无论是切成片还是切等份，都可以向人展示各种不同的形态。

西红柿

切薄片

因为皮不太好切，所以要注意不要把肉也切烂了。

切丁

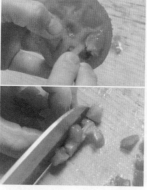

西红柿过开水去皮以后，切开两半。去掉籽和水分以后，切成比较厚身的丁。

一品料理

碎西红柿塔塔

把黄瓜和西红柿切成碎粒，加上生姜啫喱做成的清凉饮品。

长茄子·小茄子·圆茄子

茄子有很多种类和形状，根据它们的特征进行适合的装饰切，可以让茄子的外观和味道更多变。因为茄子很适合油炸，所以经常被做成炸物，而经过装饰切加工，可以防止油炸过程中裂开，让料理更美观。

| 长茄子 | 条纹 | 茶筅小茄子 |

1 去掉头，把茄子纵向切开两半。因为茄子里面含有的物质接触氧气以后会氧化变黑，所以切开以后要马上浸到水里。

1 用刀在茄子头切一圈，把叶萼去掉。

2 在表面相隔3mm切斜向条纹，让茄子更好入味，同时增强口感。不上面衣直接炸，可以让条纹突显出来，颜色会更鲜艳。

2 用刀角切出等间隔的，8~10mm长度的深切口。可以做成田乐，或者油炸以后浇上芡汁。

66

圆茄子 螺旋纹去皮

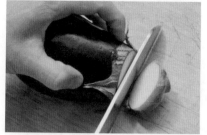

1 圆茄子去掉头尾。

2 用上整把刀，沿着茄子上下拧动，削出1mm左右厚度的皮。这样拧着削皮可以让皮的厚度比较平均。

一品料理

茄子面
旋纹去皮以后的圆茄子切成面条状，拍淀粉以后快速煮一下。口感顺滑易入口，给人清爽的凉快感觉。

茶筅小茄子田乐
切成茶筅的小茄子经过油炸再扭起来，就会像茶筅一样打开。在里面填上口味很搭的田乐味噌，让味道更加丰富。

长茄子炸煮
长茄子炸过以后再煮的一道料理。切条纹以后再炸煮处理，可以得到非常漂亮的花纹。

冬瓜

瓜皮的绿色和果肉的白色形成的对比,可以让人感受到透明的美,是很适合表现夏天清凉的一种食材。把坚硬的表皮去掉,剩下的鲜艳翡翠绿色通过装饰切,可以变得青翠欲滴。

预先准备

1
用刀背把表皮刮掉。

2
切成适当大小的块。

3
在皮的一面斜着划出细细的刀痕。

4
擦盐,然后稍微醒一下。

5
整体煮透以后过冷水。

冬瓜面

1
冬瓜切成10cm左右的块,再削成2~3mm厚的卷。

2
把冬瓜卷好,再切成2~3mm细的面条状。

3
上盐,打上淀粉以后用水煮,再浸冷水。

薄冬瓜片

1 把冬瓜切成10cm左右的块，去掉有籽的部分。

2 在皮的一面擦盐，切成薄片。然后快速煮一下，再浸到冷水中。

冬瓜翡翠煮
鲜艳翡翠绿色的冬瓜切块，煮软以后加上大虾肉松。

一品料理

冬瓜绢田煮
用冬瓜片卷着鳗鱼煮成的一道料理。冬瓜削成薄卷以后，可以用于制作各种卷物料理。

薄片冬瓜碗物
切成薄片的冬瓜盖到牡丹海鳗上，是一道诠释透明感的美妙碗物。

竹荚鱼

竹荚鱼在夏季会囤积脂肪,使鲜味更强,新鲜就是一切。根据切法的不同,可以给人不同的口感。鱼皮要注意尽量起得薄一点,这样才可以展现皮纹的美。

预 先 准 备

1
起三块。这时候,鱼肉中间部分的小骨头要仔细取出。

2
去掉盾鳞和鱼皮。如果盾鳞没有去干净的话,吃起来口感会很糟糕,所以要连皮一起清干净。切掉腹部的骨头,用骨钳去小骨。

切粒

在半身鱼肉上切斜纹,然后切成2cm的块。这种切法可以展现出竹荚鱼肉独有的新鲜弹性。

切片

1
仔细去掉骨头。

2
鱼肉厚的一面朝上,刀刃划着圆弧把鱼肉切成片。

削薄

鱼皮朝下,菜刀往身前拖,把鱼肉削成薄片。薄片刺身的口感会很好。

一品
料理

竹荚鱼片刺身

保留鱼皮,把刺身切成1cm厚的片,口感会更软糯,更能令人品尝到脂肪的鲜美。

夏季贝类中的王。鲍鱼拥有Q弹的嚼劲以及丰富的海水香味，这种独特的风味经过装饰切以后，可以展现出更高一层的美味。

鲍鱼

预 先 准 备

1 用刷子刷掉污垢，再用勺子把贝柱剥开。

2 去掉肝脏和嘴。鲍鱼壳外形比较好看，可以用作容器。

切 波 浪 形

1 切掉裙边和贝柱。

2 切出细细的条纹。

3 刀刃以一定的角度交错切出波浪的形状。鲍鱼做成波浪形，可以让人品尝到富有弹性的口感。

鲍鱼面

1 去掉裙边，上下用萝卜夹住，用竹签固定。

2 连萝卜一起削成2mm薄的卷片。用萝卜夹着是因为比较稳定，好削。

3 鲍鱼肉切细条，上淀粉，热水煮一遍之后浸冷水。切成细条吃起来会更方便，易入口。

章鱼

夏季当令的章鱼，肉质紧致有弹性。不论是切成薄片还是水焯，都能给章鱼带来各种味道的变化。要是加热过头了，章鱼肉会坚硬收缩，需要注意。

预先准备

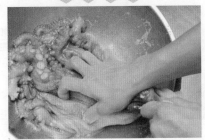

1 抹盐，去掉内脏。

2 去掉眼睛和嘴，用水把盐冲干净。

3 触须切掉以后，再切掉吸盘。

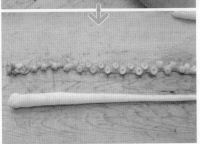

4 从吸盘切掉后留下的切口开始把皮去掉。去皮的时候用上整个刀刃，轻轻削切，就可以把皮去干净。

波浪切

章鱼煮熟，斜着下刀，拖动刀刃切成波浪的形状。这种切法可以在保留口感的同时，让肉质更加易嚼。

切薄

章鱼肉去掉皮以后稍微焯一下，再过冰水，然后切成2mm的薄片。这样会比较好入口，能够品尝到章鱼纤细的风味。

醋章鱼
把章鱼切成波浪状，可以品尝到章鱼独特的弹性和嚼劲。

蓑 衣

1 留一片薄皮，相隔2mm左右切刀口，每隔10个刀口切开一块。这样可以给人分量感，而通过切刀口，可以让肉质更柔软。

2 把吸盘煮熟以后切开。因为口感很好，可以增加料理的层次，还可以用作摆盘的装饰。

一品
料理

章鱼薄片刺身
富有通透感，看起来充满清凉的感觉。章鱼片和吸盘两种口感形成对比，让人乐在其中。

海鳗

说到京都的夏天，就不得不提海鳗了。众所周知，海鳗是祗園祭必不可少的一种食材，拥有高雅而细腻的鲜味。因为海鳗一直到皮下都长有无数的小骨，所以切骨要一直切到鱼皮刚刚好的位置。海鳗的骨切是相当有高度的技术，如果能够出色完成，就可以算是一流的刀工了，而这种刀工在切六线鱼等其他鱼类的时候也能用到，所以必须重复练习，直到掌握为止。

预 先 准 备

1 去掉黏液，切开腹部，取出内脏。

2 从腹部下刀，切掉脊骨和肋骨。

3 翻过来，切掉脊骨。

4 把肋骨削掉。

5 去掉背鳍。

骨切是怎么来的

古时候交通不发达，远离大海的京都有一群专门做鱼类生意的行脚商人。因为有他们，京都的人才得以品尝到各种鲜鱼。而在夏天，大部分的鱼类在大热天的运输途中就会死掉，唯有海鳗却凭着惊人的生命力存活着。但是海鳗小骨太多，处理起来非常麻烦，那些做海鳗料理的京都料理人在不断钻研和实践中，发展出了骨切这种高超的技术。

牡 丹

骨切过后的海鳗拍淀粉用水煮，做成牡丹花一样的形状。洁白的鱼肉轻柔地散开，牡丹海鳗做成的华丽碗物是夏天不可缺少的一道料理。

用于烤制

1 切骨处理。

2 用竹签串上，注意不要把鱼肉穿烂了。上下往返着穿刺，不要让鱼皮皱褶，然后小心烤制。

双飞片（海鳗涮锅）

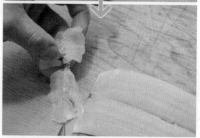

头部朝右，沿着鱼身相隔1.5mm斜着下刀，第一刀切到鱼皮不要切断，第二刀再切断。要点在于，鱼肉切薄的同时，小骨也要沿对角切断。这样可以发挥出海鳗细腻的风味，同时让鱼肉更好入口。

二枚落（拌菜等）

骨切做两遍，第二遍直接把肉切断。热水焯一边以后，用于拌菜等料理中。

一品
料理

冰镇海鳗

骨切海鳗用热水焯过以后用冰镇，是一道充满凉意的料理。

装饰切的工具和诀窍②

牛刀

被称为万能的菜刀，无论是切肉还是切菜，都可以用到。

刀往食材上切，左手拇指球（拇指根部隆起的一块）按到刀尖上面，用整个人的体重往下压。

小切刀

刀尖锐利，多用于进行精细的装饰切操作。

根据蔬菜的大小和操作的精细度，可以有很多种用法。

取芯筒

根据蔬菜的大小选择不同尺寸，还可以用于切圆形。

可以用于开圆筒状的洞，或者做树叶形状。

挖勺

挖洞或者挖出一个球的时候用。有很多种尺寸。

把勺子覆盖到食材上，然后转动手腕把肉挖出来。

三角刀

雕细纹或者精细加工的时候使用。

刀尖放到食材上，往前推削。

錾子（加工冰块用）

冰雕需要精确的技术和速度。

比较容易手滑，所以需要戴工作手套，也要戴护目镜保护眼睛。

第三章

秋季装饰切

〈蔬菜〉南瓜、牛蒡、小蔓菁、番薯、海老芋、里
芋、土豆、扁豆、蘑菇，
〈水产〉鲳鱼、带鱼、马头鱼、青花鱼、梭子鱼、
龙虾、纹甲鱿鱼、拖鱿鱼等秋季食材。

秋季食材

春华秋实。芋头、南瓜这一类松软热乎又甘甜的食材，根据削法和切法的不同，可以给口感带来丰富多变的表现力。

而说到秋季的鱼类，自然就是青花鱼了。

京都的家庭在秋季祭典的时候，都会腌制青花鱼，用于制作青花鱼寿司，以供享用。

秋季也是鱿鱼变得美味的季节，装饰切用到这种洁白无瑕的食材身上会相当有效，切法也有很多种类。

秋季八寸

在一道料理中尽享各种山珍海味，秋天的
丰饶以各种色香味，让人垂涎三尺。

【秋季什锦】
三股编带鱼、鲳鱼柚庵烧、盐烧梭子鱼、
古木牛蒡、日本对虾乌鱼子烧、菊蔓菁、
双色椒东南亚酱、炸栗芋、炸芒草扁豆

秋季刺身拼盘

　　雪白的鱿鱼经过装饰切以后，可以为料理增添华彩。

　　有效利用青紫苏和海苔，可以让料理有更细腻的表现。

【各式鱿鱼刺身】
（上方从左到右）花、松果、手鞠
（中间从左到右）鸣门、菊花、八桥
（下方从左到右）竹、薄切、蕨草

秋季煮物

树叶、红叶、银杏、菊花……
以这些主题来表现京都的艳丽金秋。

【什锦煮】

树叶南瓜、树叶甘薯、蘑菇
芋头、银杏土豆、红叶胡萝
卜、菊花蔓菁、松叶黄瓜

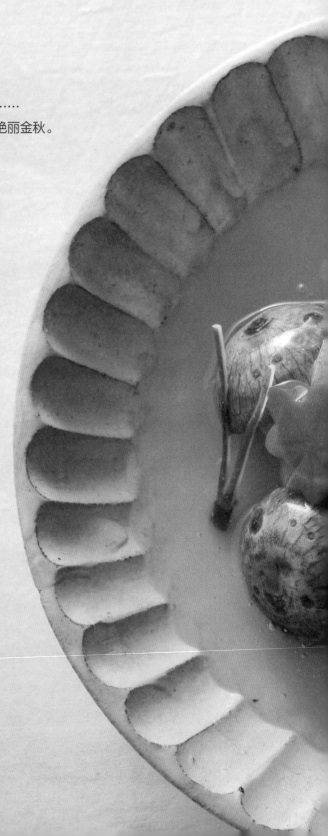

秋季火锅

切成圆形、六边形、梳型等各种各样的关东煮。
通过改变不同的组合，可以品尝到各种食材凑到一起的奇妙效果。

【关东煮什锦】
切纹魔芋+沙丁鱼丸+小蔓菁切块
培根+炸卷+六边里芋
鱼肉山芋饼+章鱼+圆块胡萝卜

秋季寿司

种类丰富的五色棒寿司做成的豪华拼盘，
适合秋天出游享用。

【五色棒寿司】
（从上到下）炙烤带鱼寿司、海鳗寿司、烟熏三
文鱼寿司、青花鱼寿司、马头鱼昆布寿司

妆点秋天的装饰切〈八寸〉

我们来介绍一下秋季八寸中用到的装饰切吧。

红叶、菊花、芒草……装满了这些秋天的景物的八寸盘，用上各种各样的素材，加上丰富多彩的装饰切，表现出金秋美丽的京都景色。这是一道为这个丰饶的季节增加一抹艳色的料理。

秋季什锦

❶三股编带鱼

把带鱼的一边鱼肉切成纵向的三条，其中一头不要切断。把三条鱼肉编成三股辫的样子，然后盐烧。

❷盐烧梭子鱼

在梭子鱼鱼皮一面切细细的刀痕，做成稻草包的样子，表现秋天的丰饶。经过装饰切处理的梭子鱼，鱼肉会比较容易卷起来。

❸鲳鱼柚庵烧

鲳鱼皮的一面切细细的刀痕，浸入柚庵酱以后烤制。划过刀痕以后可以防止鱼皮在烤的过程中爆裂，还可以让料理更美观。

❹炸芒草扁豆

扁豆保留一头不切断，纵向切成4份，沾上脆浆炸，表现出芒草迎风飘动的姿态。

❺日本对虾乌鱼子烧

日本对虾从背部切开，填入切碎的乌鱼子烤制而成。对虾的弹性口感和乌鱼子的鲜味相得益彰，令人回味。

❻古木牛蒡

牛蒡煮熟去芯，把蛋黄丝和海苔卷起来酿入其中。切面的旋涡状用来表现古树的年轮。

❼炸栗芋

甘薯做成栗子形状，和栀子一起煮，上色以后做成的甘甜料理。以细面作为包衣炸过以后，可以表现出栗子外壳的样子。

❽菊蔓菁

在小蔓菁上切细细的格子纹，浸入甜醋中，再做成菊花的形状。花蕊部分用胡萝卜粒做成。

❾双色椒东南亚酱

红椒和黄椒切成红叶和银杏的形状，走油以后浸入东南亚酱中。

妆点秋天的装饰切 〈 刺身拼盘 〉

我们来介绍一下秋季刺身拼盘中用到的装饰切法。

到了秋天，鱿鱼就会变得特别美味。处理过后的鱿鱼闪耀着洁白的光泽，经过不同的装饰切以后，可以为料理增添优雅和美感。

各式鱿鱼造型刺身

❶ 花

处理好的鱿鱼肉卷成正在绽放的花瓣的样子。加上咸鲑鱼子增加色彩。

❷ 松果

斜着下刀切格子纹，再用火稍微炙烤一下，鱿鱼就会卷起来，展现出松果的样貌。同时也让鱿鱼更好入口。

❸ 手鞠

鱿鱼肉切成2mm左右的细条，然后团起来做成可人的手鞠刺身形状。莴苣、海苔和胡萝卜切成细丝，做成刺身的花纹。

❹ 鸣门

把海苔卷到中心，形成黑白对比，美丽的切面表现出漩涡的形状。

❺ 菊花

鱿鱼肉斜着切成细条，利用线条团成菊花的形状。加上菊叶和菊花，让它更有菊的感觉。

❻ 八桥

鱼肉贴上海苔，然后切切口，再卷成卷，切段，做成八桥的样子。

❼ 竹

利用鱿鱼肉透明的特征，在鱼肉中卷入青紫苏。开边的时候留下的凸痕可以当做竹节，表现出竹子青翠欲滴的样子。加两片竹叶就更有竹子的感觉了。

❽ 薄切

鱼肉切成5cm宽的短册状，然后卷起来，加上咸鲑鱼子，制造红白对比。

❾ 蕨草

卷入青紫苏，利用切面的漩涡，做成蕨草叶芽的形状，再撒上青海苔。

妆点秋色的装饰切〈 煮物 · 火锅 〉

我们来介绍一下秋季煮物和秋季火锅中用到的装饰切吧。

什锦煮

细心地做出红叶、树叶、银杏、蘑菇、菊花等秋天的元素，加入到什锦煮里面。即便是同样的形状，只要用上不同颜色的素材，色彩层次和味道就会更多元化，在表现上会更有深度，美观度也会更上一层。

❶ 菊蔓菁

利用小蔓菁圆形的轮廓和颜色，通过细细的刀痕，可以表现菊花的样子。

❷ 红叶胡萝卜

用胡萝卜鲜艳的红色来表现阳光映照下的红叶，这是一个具有代表性的装饰切法。

❸ 银杏土豆

利用土豆的皮和色调做出银杏的形状。

❹ 蘑菇芋头

利用里芋的皮做出可爱的蘑菇形状。做出来的效果让人以为是真的蘑菇。

❺ 树叶南瓜 · 树叶甘薯

把南瓜和甘薯做成树叶形状，用来表现染上秋色的两种颜色的树叶。

关东煮什锦

关东煮会用到的各种食材，如蔬菜、水产类、肉、熟食品等，这些元素都可以用到装饰切上。

把食材做成一口大小，加以不同的装饰切，串成串再煮。

装饰切可以让食材更容易入味，观感也会更好。

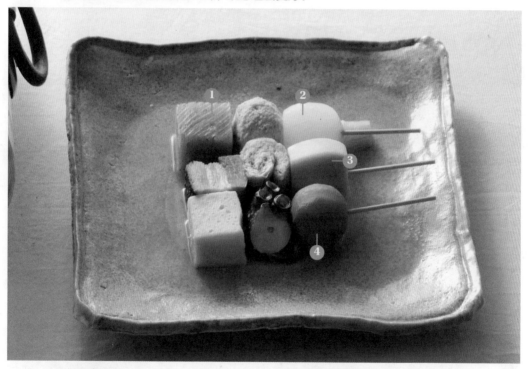

❶蒟蒻切纹

在蒟蒻上切细细的条纹，更好入味，也更易入口。

❸六方里芋

里芋切成六边形，可以防止煮烂，也更好入口。

❷小蔓菁切块

小蔓菁切成易入口的小块。

❹胡萝卜圆块

把胡萝卜切成圆圆的块状，讨喜的外形和鲜艳的红色为料理带来层次感。

妆点秋色的装饰切 〈 寿司 〉

　　我们来介绍一下秋季寿司中用到的装饰切吧。
　　棒寿司相当适合观赏红叶等秋天出游的时候享用，我们把它做成了豪华的五色拼盘。在京都，到了各个季节的祭典时候，每家每户都会做青花鱼寿司。我们可以奢侈地用上秋天正是美味的青花鱼或者还残余夏天时候美味的海鳗，做出味道鲜美的寿司。

五色棒寿司

❶ 炙烤带鱼寿司

带鱼抹盐、浸醋，然后在鱼皮上划出细细的切口，再轻轻炙烤一下。通过炙烤，可以突出切纹，让口感和观感都更好。加上梅肉营造清爽口感。

❷ 海鳗寿司

海鳗留皮，切骨要细，这样可以突出海鳗香软的口感。再加上香味丰富的山椒芽。

❸ 烟熏三文鱼寿司

烟熏三文鱼鲜明的色彩，加上薄切的鱼肉做出的充满色泽的寿司。菊花的色彩也相当明亮。

❹ 青花鱼寿司

青花鱼去掉中骨和血污以后，浸醋做成的京都特色寿司。再加上与之相搭的生姜蓉。

❺ 马头鱼昆布寿司

马头鱼薄切，用昆布腌制一夜以后做成的寿司。说到马头鱼，就不能把鱼鳞忘掉，把鱼鳞炸酥脆，可以为口感带来丰富的层次。

牛蒡

牛蒡是一种拥有独特风味，香气和口感都充满田园风味的根菜。细长的形状衍生出多样的切法，其充满个性的味道赋予了料理更强的存在感。不论是炒、煮、炸，烹饪方法也是多种多样。牛蒡纤维比较粗，很容易吸收调味料的味道，所以调味的时候要稍微清淡点。另外，牛蒡也属于容易氧化的食材，切开以后要浸水或者醋水，防止氧化变黑。

斜切细条

1 纵向切一条刀痕。

2 斜着下刀，就像削铅笔一样，一边转牛蒡一边削成细条。刚开始切的刀痕可以让切出来的条更细，而刀痕的间隔可以控制细条的粗细。

切 条

1 削皮稍微厚一点，大概3mm左右的厚度。这时候剩下的芯口感和味道都不好，所以我们不用。

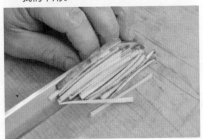

2 削出来的厚皮叠起来，切成粗细一致的条状。这样可以让牛蒡嚼劲更佳，突出牛蒡本身的口感。

新鲜美味的带土牛蒡

市面上有很多已经洗干净的牛蒡出售，但是论新鲜和味道，我们还是推荐带土的牛蒡。新鲜牛蒡冲水就能洗掉泥土，如果有洗不掉的硬泥，用刀背就可以刮掉。因为牛蒡容易氧化变黑，所以切的时候，旁边要准备一个有水的容器，一边切一边放到水里。但是浸水太久了又会让味道变差，所以要注意。

管 状

切成5cm左右的长度，煮熟以后用铁扦子去芯。中间可以酿入东西进行烹饪。

牛蒡的各式装饰切

（上方从左到右）斜切片、斜切细条
（中间从左到右）切丝、切条
（下方从左到右）管状、打结

牛蒡和胡萝卜很搭

　　金平、炸丝这类用到牛蒡和胡萝卜组合的料理有很多，牛蒡的田园风味和胡萝卜的甘甜相映成趣，可以让美味更上一层楼。而胡萝卜也有很多种切法，很容易切成一样粗细，所以不仅仅是在味道上，在烹饪手法上两者也是很好搭配的食材。

打结

1 连皮切成20cm长度的薄片。

2 切成长条松针状，根部不要切断。

3 把它煮软。

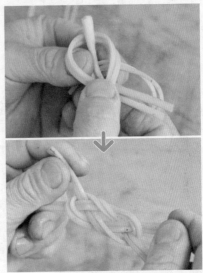

4 两条这样的松针绑在一起，把四个角切掉。根据打结方法不同，可以有不同的表现手法。只要下点功夫，就可以为煮物或者醋拌菜这类的料理增添层次。

一品
料理

柳川锅

满满的鳗鱼加上斜切细条的牛蒡，用鸡蛋煮成。这道料理的特征在于其独特的口感和风味。因为有油的牛蒡会很好吃，所以跟油脂丰富的鳗鱼一起煮会相当美味。

土豆因为易于保存，所以一年四季都有出售，不过秋季的土豆会特别甘甜，热乎松软的特别好吃。我们还可以利用土豆皮的颜色，做成银杏等装饰切。

土豆

银杏土豆

1 切成像这样带圆形的三角形。

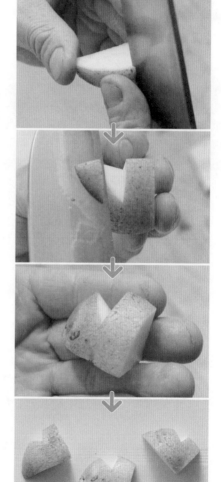

2 在圆形的一边切V字形的缺口，做成银杏叶的样子。可以和树叶南瓜一起下锅。因为银杏是比较厚的一种切法，所以可以品尝到土豆香软的口感。

土豆的预先处理

因为土豆芽含有有毒成分，所以如果有发芽的情况，必须完全去除。用刀根画圆切掉就行。另外，土豆的切面也容易变黑，所以切好以后要尽快料理。

南瓜

南瓜吃起来松软甘甜，暖暖的黄色以及深绿色的皮都给人浓浓的秋天感觉。南瓜肉厚，容易加工，可以做成树叶等各种各样的装饰切。

树叶南瓜

1 切成适当大小。

2 稍微留一点绿皮的部分。

3 去掉边角，整理形状。

4 沿着头部到尖端，削出树叶轮廓的曲线。

5 从树叶尖端部分的切口开始，往下一个切口的深处下刀，切出有曲线的缺口，做成锯齿状。

6 做成这样的树叶形状。和料理一起下锅，营造秋季风情。

圆润的小蔓菁比蔓菁更软身，除了生吃以外，还可以做成醋拌菜、煮物、蒸菜等。小蔓菁色白而且光滑，利用它小而圆的身形，可以有很多种装饰切法。当中数菊花蔓菁是代表。

小蔓菁

菊蔓菁

1 去掉头，切成六边形。

2 切掉六边形的角，让形状更圆润。

3 从顶部开始，依次在顶面、侧面和底面切刀痕，做成菊花形状。可以用于佐料或者蒸菜。

以勤俭之心活用蔓菁

在削出来的皮上抹点盐，洗一洗以后沥干水，用来红烧也是很美味的。而蔓菁的叶也可以用来做腌菜、红烧或者菜饭。

甘薯

秋季的代表性食材，加热以后口感软糯甘甜。生的甘薯比较硬，所以适合做成各种各样的装饰切。紫红色的皮和黄色的肉形成的对比，可以营造美妙的秋色。

树叶甘薯

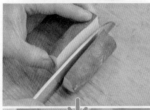

1 纵向切开两半，跟南瓜一样做成树叶的形状。

2 切入刀口，做成树叶的轮廓，再整理外形。

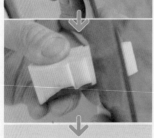

栗薯

1 切成3cm厚左右的圆块以后，再切成两半。

2 左右两边削圆，做成栗子的形状。

3 削皮的时候要削出棱角。

4 将③的甘薯煮熟沾上细面油炸，做成栗子表面的尖毛样子。

海老芋·里芋

京都蔬菜代表海老芋，以及稍微小号一点，圆圆的里芋，利用它们自然的圆形曲线，可以做成鹤或者蘑菇等形状的装饰切，品尝到它们软糯的口感。这两种芋头在处理的时候，都要注意，不要把含有丰富养分的黏液去得太彻底了。

鹤海老芋

1
切掉头部，根据外形切成五角形。

2
在看得到五边形的一面，一个角朝上，切V字形的切口。

3
从左右两面斜着下刀，一直到V字切口处，让轮廓浮现。

4
最后做成鹤的形状。

蘑菇芋头

1
里芋去蒂，从头部1/3的地方开始下刀，切一圈圆形刀痕。

2
从去蒂的一边开始下刀，一直切到①的刀痕位置，做成六边形。

3
里芋皮的颜色和纹路看起来就像一个可爱的蘑菇一样。

带鱼

带鱼拥有平坦细长的鱼身以及闪耀着银色光芒的鱼鳞，利用带鱼漂亮的鱼皮可以做成各种装饰切。新鲜的带鱼还可以做成造型刺身。

三股编带鱼

1 从背鳍的两侧下刀，拉着把背鳍起出来。

2 切成三块，一边鱼肉纵向切两刀，变成三条，尖的部分不要切断。

3 把②的三条鱼肉编成三股辫，最后用竹签固定。然后就可以烤出漂亮的料理了。

处理带鱼的时候要注意

　　长的带鱼可以长到1.5米左右。因此，带鱼身体容易弯曲，弯曲的地方鱼肉也容易受伤。选鱼的时候，自不用说要选直身又新鲜的，在处理过程中也要尽量保持鱼身体的笔直。

秋季的青花鱼会长出更多脂肪,鲜味会强很多。为了防止鱼肉碎掉,我们会切入暗刀,而这也可以让鱼肉更易入口,也防止因为鱼油的关系导致酱油沾不上鱼肉。切的时候利用青色鱼类的鱼皮特有的光泽,会更有效果。

青花鱼

腌青花鱼

1
鱼切开三块,涂满盐以后放置半天。

2
洗掉盐分,浸到醋里面。

青花鱼八重造
切入的刀纹可以让鱼肉看起来更美观,同时由于表面积增大,可以沾上更多的醋料。

手握

1
切细细的刀痕,不要太深,每隔2cm左右再切断。

2
按好鱼肉的一边,让鱼皮散开,做成手握寿司的形状。

八重造

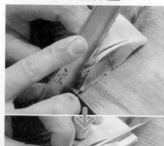

每隔2mm左右切两道细细的刀痕,以三片为一组切断。

一品
料理

手握
切入的刀纹可以防止酱油流走,因而更加入味。

青花鱼的智慧
青花鱼的鲜度非常容易流失,也容易受损,有时候看着新鲜但是已经开始变坏了,而用醋腌过以后可以更好地保存。而腌过的青花鱼,油脂味道会更加缓和,吃起来会更加清新高雅。

鱿鱼（拖鱿鱼 · 纹甲鱿鱼）

利用拖鱿鱼和纹甲鱿鱼两者的特征，分别用上不同的装饰切。丰富的装饰切种类，加上鱿鱼充满光泽的美妙白色，可以为秋季的料理增添一抹品位和美感。

预 先 准 备

| 拖鱿鱼 | 纹甲鱿鱼 | 纹甲鱿鱼 花 |

拖鱿鱼

1 触须连内脏一起拔掉。

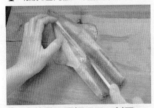

2 在软骨下面切刀口，剖开。

3 在两翼和身体之间插入手指，一口气把皮撕掉。

纹甲鱿鱼

1 沿反向下刀，切入刀痕。

2 去壳。

3 从尾巴的方向拔掉触手和内脏。

4 在皮和肉之间下刀，把皮切掉。

5 慢慢撕掉第二层皮。

纹甲鱿鱼 花

1 切好块，再切成薄片。

2 一片卷成芯，再一层一层包裹成花瓣。

3 整理好花的形状。展现出刚刚绽放的洁白鲜花的情景。

1 切块，再切成正方形。

2 切双飞，注意不要切断。

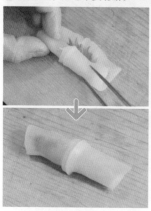

3 在②上铺上青紫苏，卷起来。在②中留着不切断的部分，做成中间的竹节。绿色的青紫苏从白色的鱿鱼肉中间透出来，展现出青竹的风情。

1 削成薄片，再切丝。

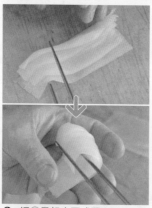

2 把①叠起来团成团。

3 做成球状。团成一个球，展现出手鞠的可爱。

纹甲鱿鱼 八桥

1 鱿鱼切块，在上面铺上海苔。

2 在鱿鱼上铺海苔，在表面切刀纹。

3 把②折成弧形，整理成八桥的形状。鱿鱼的白色和海苔的黑色形成鲜明的色彩对比。

拖鱿鱼 鸣门

1 鱿鱼切块，切入细细的刀痕，在内侧铺上海苔，卷起来。

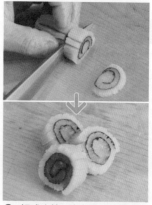

2 切成小块，让人看到切面。好看的漩涡展现出一种活跃的动感。

拖鱿鱼 | 削薄

1 在鱼皮一面斜着切入2mm左右的切纹。

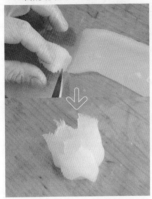

2 把①反过来，一边卷起来，一边切成2cm宽的薄片。这样可以让鱼肉更易入口，更添清爽淡雅的质感。

拖鱿鱼 | 松果

1 菜刀放平，斜着切入2mm间隔的切纹。

2 换个角度，切成格子纹。

3 表面稍微用火烤一下，鱿鱼肉就会竖起来，再切成3cm的段。烤过的地方可以增添香气，表现出松果表面有规律的纹路。

拖鱿鱼 | 菊花

1 切成3cm宽度的短册状，斜切丝状细纹。

2 利用刚才的切纹，用筷子夹着把肉卷起来，做成菊花的形状。加上菊花叶，展现出富有真实感的美。

拖鱿鱼 | 蕨草

1 鱿鱼肉切成10cm×3cm的块，然后切细纹。

2 铺上青紫苏，卷起来。

3 留一点，不要全部卷起来，纵向相隔1.5cm切开，中间切一个缺口。

4 缺口撕开，撒上青海苔。表现出沉静清润的感觉。

冬季京都料理不可或缺的一种食材。加点盐，用各种不同的切法，从烤鱼到蒸鱼，马头鱼可谓是万能。马头鱼有清丽的淡红色，还有细腻高雅的味道。而不去掉鱼鳞，加盐直接烤成的"若狭烧"也相当有名。

马头鱼

预 先 准 备

若狭开（对半展开）

1 去掉黏液，鱼鳞不用去掉，从鱼背切开。

2 切开鱼头，取出内脏、洗净。

3 整条鱼抹盐，内侧的骨头血污等部位稍微多抹一点盐，放置一晚上。

昆 布 腌

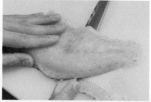

1 鱼肉起成三块以后，鱼皮连鱼鳞一起切掉。

2 切成5cm左右宽度的薄片，铺到昆布上面，卷起来腌一晚。

观音开（双开门状）

切成5cm宽的块，注意好厚度，从中间切开，往两边展开。

一品料理

甘鲷信州蒸

观音开的鱼肉包着煮好的荞麦面一起蒸，最后淋上汤汁。马头鱼肉又松又软，入口即化，而荞麦面则可以吸收汤汁，增添美味。

利用蔬菜特性的装饰切

装饰切不是简单地把食材切开，而是要好好理解各种食材的特性，利用它们各自的形状和性质，做成更好看的形状。

削厚皮

蔓菁、独活、里芋等表皮比较硬的食材，削皮的时候要削厚一点。如果是切圆块的话，皮和肉之间会有一圈圆，我们沿着这个圆的内侧削的话，就可以让口感更好。

活用纤维

削好的蔬菜浸到水里，纤维的张力会让切口张开，而拉一下纤维，蔬菜就会卷起来，变得更加生动丰富。

浸水·浸盐水

切好的食材浸到水里，可以防止氧化变黑，展现食材本来的鲜艳色彩，口感也会更爽脆。另外，浸到盐水里的话，由于渗透压的关系，食材会变得柔软。如果想要让口感更软，可以这么做。

边角料也不要浪费

做装饰切的时候，通常会剩下很多蔬菜的边角料，我们不要浪费它们。我们之所以要先削皮，是因为切下来的边角料可以直接用来做料理，非常方便。做成金平，或者是切碎了放到味噌汁里也是很美味的。

第四章

冬季装饰切

冬季食材

　　冬季的根菜长得更加壮实。萝卜和胡萝卜易于加工，漂亮的红白色彩也让它们成为装饰切的主角。

　　正是这么一个特别甜美的时候，它们才更加适于做成各种漂亮的装饰切。

　　不同的切法让观感和味道都会有很大不同，比如层次丰富的金枪鱼，或者考验刀工的超薄刺身。我们可以通过装饰切来让这个冬季的味觉更加多彩。

〈蔬菜〉白菜、圆萝卜、蔓菁、白葱、葱、胡萝卜、莲藕、青萝卜、茨菇、百合根，
〈水产〉黄甘鱼、鲅鱼、比目鱼、单角鲀、蟹、鲤鱼、金枪鱼、河豚、沙丁鱼、海参等冬季食材。

冬季八寸

　　用切成薄片的蔓菁包裹不同的鱼籽做成茶巾料理，或者是装到做成斗状的蔓菁里面。

　　不管是味道还是外形都充满了趣味性。

【各式鱼籽蔓菁什锦拼盘】
鱼子酱沙拉、鳕鱼子沙拉、鲑鱼子饭、干鱼子饭、
蛋黄味噌渍、柊叶黄瓜

【 松竹梅拼盘 】
鲤鱼冷鲜配酥炸鱼鳞、莴苣
比目鱼卷、梅花金枪鱼

冬季刺身拼盘

鲤鱼、比目鱼、金枪鱼等冬季当令的鱼类刺身可以做成各种各样的形状，做成适合喜庆时候享用的松竹梅拼盘。

【迷你年节菜】

红白鱼糕（帆立贝，虾）、鲷鱼子鸡蛋、翎鲳柚庵烧、黄甘鱼味噌柚庵烧、鹤土豆、三文鱼绢田卷、松果慈姑、牛蒡、鲱鱼卵、小沙丁鱼干、鸡肉松风、醋莲藕、竹荛苴、梅花胡萝卜、龙皮卷、黑豆、胡桃甘露煮

冬季煮物

把方盒做成套盒，在里面塞满经过精
心装饰切加工的迷你年节菜，
是一道有足够资格当上招牌菜的料理。

冬季火锅

萝卜削卷以后，切成乌冬面的样子，然后和味道相搭的薄切黄甘鱼一起做成涮涮锅。

【黄甘鱼萝卜乌冬涮锅】
圆萝卜、葱丝、黄甘鱼薄片、三色卷花

冬季寿司

在柚子碗中装入米饭和满满的蟹肉，做成暖暖的蒸寿司。
莴苣粒和水前寺海苔可以增添层次感。

【 蟹肉柚子蒸寿司 】
蟹肉蒸寿司、莴苣粒、水前寺海苔粒

妆点冬季的装饰切 〈 八寸 · 刺身拼盘 〉

我们来介绍一下冬季八寸和冬季刺身拼盘中用到的装饰切法吧。

各式鱼籽蔓菁什锦拼盘

冬季正是蔓菁当令，甜味倍增。把蔓菁做成薄片或者枡的形状，再放上各种鲜味丰富的鱼子，可以给人清爽的味道。蔓菁薄片口感柔软的同时，还保留一丝嚼劲；枡状蔓菁口感爽脆，就算是同样的食材，切法不同，所体现出来的味道口感都会有很大的变化。

❶蔓菁薄片茶巾

蔓菁切成薄片，浸甜醋以后，用来包裹鱼子酱沙拉、鳕鱼子沙拉等五种鱼子料理。

❷枡蔓菁

蔓菁做成枡的形状，同样放入五种鱼子料理。

❸柊叶黄瓜

黄瓜切成柊叶的形状撒到上面，展现出冬天的风情。

松竹梅拼盘

　　三种冬季当令的鱼进行装饰切以后，做成适合新年宴席上享用的松竹梅拼盘。鲤鱼做成冷鲜，鱼鳞也不要浪费，给用上。盘边用松叶、竹叶、梅花枝表现新鲜的感觉。

❶ 莴苣比目鱼卷

比目鱼切成薄片，可以突出它细腻的味道。鱼片包裹莴苣，斜着切成段。尖尖的切面看起来更像竹子，就像是门松一样。

❷ 鲤鱼冷鲜配 酥炸鱼鳞

鲤鱼做成冷鲜，贴上炸得酥脆的鱼鳞，做成松果的样子。酥脆的鱼鳞为口感增添了丰富的层次。

❸ 梅花金枪鱼

金枪鱼剁碎做成鱼丸，摆成花瓣的形状，表现出梅花的可人。白色的里芋做成花蕊，和红色的鱼肉相映成趣，更显华美。

妆点冬季的装饰切 〈 煮物 〉

我们来介绍一下冬季煮物中用到的装饰切法吧。

在这种小巧可爱的年节菜中，也是凝结了很多种装饰切的技巧的。

尺寸越小，越是需要高超的刀工技术，需要通过不断的练习来提高自己的技巧。

迷你年节菜

❶ 竹莴苣

莴苣削圆以后斜着切段，做成竹子的样子，同时保有爽脆的口感。

❷ 梅花胡萝卜

利用胡萝卜较细的部分做成梅花的形状，用旋转刀法做出有立体感的花瓣形状。

❸ 三文鱼绢田卷

蔓菁削成3mm厚度的卷，抹盐浸甜醋以后，用来包裹三文鱼粒。红白的对比显得特别好看。

❹ 捶牛蒡

牛蒡经过捶打以后，纤维会变得松散，让口感变得爽脆，易入口。

❺ 鹤土豆

鹤芋一般是用海老芋来做，不过用土豆也是可以的。通常是切成五角形的块状，然后做成白鹤的样子，而这里因为要放到比较小的容器之中，所以我们切成六角形。

❻ 松果茨菇

小颗的茨菇做成松果的样子，可以让茨菇更易被加热，也更好入味。

妆点冬季的装饰切 〈 火锅 · 寿司 〉

我们来介绍一下冬季火锅和冬季寿司中用到的装饰切法吧。

黄甘鱼萝卜乌冬涮锅

　　新鲜的黄甘鱼切成薄片，做成稍微一涮就能享用的涮涮锅。而在锅中充满动感的漩涡，则是圆萝卜。圆萝卜削成卷以后，切成粗细均等的面条，给人顺滑的口感。这是要求有足够的刀工把萝卜削得又薄又长，才能做出来的一道料理。

❶圆萝卜乌冬

圆萝卜削卷，再做成乌冬面的样子。

❸黄甘鱼薄片

炙烤黄甘鱼皮的一面，让鱼油散发出香气以后，做成薄片刺身。

❷葱丝

白葱和青葱切丝，作为萝卜的配菜。

❹三式旋花

胡萝卜、黄瓜、萝卜分别做成螺旋状。

蟹肉柚子蒸寿司

　　在黄色的柚子和淡红色蟹肉美丽的颜色之上，加上莴苣粒的浅绿、水前寺海苔的黑色，给人丰富的层次感。切成小粒可以让各种食材的口感都充分发挥出来。

❶莴苣粒
❷水前寺海苔粒

把莴苣和水前寺海苔都切成细细的小粒。在切成小粒的同时，也要体现角度的美感。这种切成每片5mm以下大小的小块的切法叫作"霰切"。

萝卜（圆萝卜、疏伐萝卜、小萝卜）

萝卜从秋季到冬季都会充满水分，味道甜美。而且形状多样，切成圆块或者是切碎，展现出来的味道也会不一样，可以让料理有更多的变化。因为萝卜易于加工，可以用到的装饰切法也很多样，所以是一种应用范围非常广泛的食材。

萝卜 樱花

1 切成五角形的块。

2 在五条边的中心切缺口。

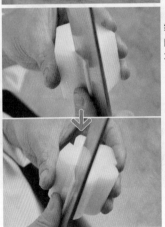

3 绕着切了缺口的萝卜块削成花的形状。

4 在花瓣的尖端切V字形的缺口。

5 切成适当的厚度。

疏伐萝卜 扫帚

1 把皮削得尽量薄。

2 到蒂为止划成薄片，90°转过来进行同样的操作。

各式萝卜装饰切

（上方从左到右）蓑衣、扫帚、穗子，
（下方从左到右）漩涡、水滴、灯笼、薄樱花

| 萝卜 | **萝卜网** |

1
切四面，切成
四边形。

2
从厚的一面下
刀，相隔1cm
下刀，切到中
间为止。

3
把②90°转过
来，偏移5mm
切同样的刀口。

4
把③削成卷，
浸到盐水里泡
软。

5
把网展开。

疏伐萝卜 蓑衣

1
以45°的角度下刀，切细密的切口，切到中间为止。

2
翻过来也是同样的切法。

3
浸盐水泡软。

小萝卜 漩涡

削成3mm左右有点厚度的卷，浸到水里展开成漩涡的形状。

小萝卜 水滴

在红色的表面削出小小的圆形，用白色表现水滴的花纹。

小萝卜 灯笼

1
在小萝卜的侧面切出V字形的缺口。

2
把①的那种缺口绕小萝卜一圈都切出来，做成灯笼的样子。

酱拌萝卜
萝卜切成3cm厚的圆块，削圆边，在切面入暗刀以后煮熟，再淋上田乐味噌。是一道热乎美味的冬季风物诗。

一品
料理

在冬天迎来当令时节的葱，在这个寒冷的季节会变得相当甘甜美味。白葱因为柔软甘甜，一般会用作寿喜烧或者火锅类的加热烹饪。而以京都的九条葱为代表的青葱，因为葱叶的深绿以及口感柔软，相当适合用作佐料直接生吃。根据切法不同，会产生出不一样的口感和味道，可以引用到各种各样的料理中去。

葱

切葱碎

常有人说："能把葱切碎的人，刀工肯定是一流的。"切葱碎是最基本的技巧。切碎以后可以用作佐料。

稻草包

在葱段上划几刀，不要切断。这样可以让葱更容易加热，葱段也不容易散掉。

葱丝（白）

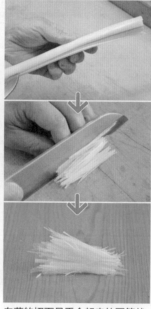

白葱的切面是重合起来的圆筒状，利用这一点，我们把葱从中间划开，再沿着纤维切成丝。

葱丝（青）

把圆筒状的葱切开铺平，几片重叠起来，沿着纤维切成丝。

一品
料理

葱鲔锅

金枪鱼块和葱段一块煮，加上葱丝。这是用天造地设的两种食材做成的一道料理。

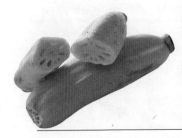

莲藕

莲藕在冬季会变得特别软糯甘甜，在切成圆块的时候，从中间的孔洞可以清楚地看到对面，所以也有"前途光明"这种好兆头的说法，因此也是年节菜中不可缺少的一种食材。应用范围广泛，可以用到煮物、金平、炒、天妇罗、醋物等料理中。而利用莲藕的形状也衍生出了独特的装饰切法。

石笼②

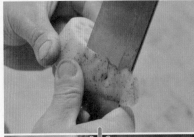

切成5cm左右厚的圆块以后削皮，然后从切面削圆。利用莲藕独特的形状而用的切法，可以让料理更有个性。

花莲藕

1 在洞与洞之间切刀口。

2 把刀口削圆。

3 另一面也同样削成圆形。利用这种自然的形状，表现出一朵可爱的花的样子。

箭 羽

1 莲藕削皮以后，以一定角度切1cm厚的圆块。

2 从中间切开后对折起来，两个切面看起来就像是箭羽一样。

各式莲藕装饰切

（上方从左到右）花莲藕、雪花
（中间从左到右）手鞠、石笼①、箭羽、石笼②
（下方从左到右）切条、碎粒

一品
料理

莲藕金平
莲藕切条，做成口感良好的一道金平料理。

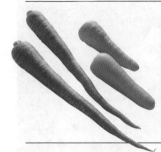

胡萝卜

胡萝卜的甜味在冬季会变得特别强，分为橘黄色的西洋胡萝卜和鲜红色的金时胡萝卜。可以用来生吃、做煮物、炒、拌菜等，应用范围相当广，其美丽的颜色也能为料理带来丰富的色彩。胡萝卜容易加工，装饰切的种类也很多，所以可以尽情挑战不同的切法。

红 叶

1
切成5cm厚，有两个边稍长的七角形。

2
在相邻的两条边中间切刀口，再从角开始往切口削出圆形的轮廓。

3
其他地方也同样划出曲线，做成红叶的形状。

4
把③切成7~8mm厚的块，从切面中心往外，用三角刀雕出叶脉的纹样。

蝴 蝶

1
胡萝卜切成这样银杏叶状的块。

2
两面交替入刀，注意不要切断。

3
把②切成双飞薄片。

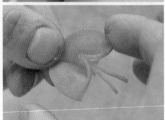

4
做出触角的部分伸到中间，张开翅膀，浸到水里以后展开。

各式胡萝卜装饰切 （上方从左到右）梅花、蝴蝶，
（下方从左到右）穗状、三种结

穗 状

1
切成长5mm，
厚3mm的 短
册状。

2
留着一端不要
切断，划出细
细的切口。

3
从没有切断的
一端开始削开
两片，也是不
要切到底，尽
头要连起来。

4
把③拧转、重
叠，做成穗状。

139

梅花

1
切成五角形的块，在所有边的中间切刀口。

2
从角往切口处削圆，做出花瓣的圆滑感觉。

3
翻过来把两面削掉。

4
从花瓣的接缝处往中心切刀口。

5
斜着入刀，把花瓣的部分旋转着削出来，要削到切口处。

6
切成适当的厚度。

削圆

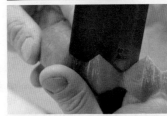

1
取适当粗细的部分切成3cm厚的块，沿着边角的地方削成圆形。

2
再去掉棱角，继续削圆。

3
把②放进研钵压着滚动，去掉小的棱角，让它们变得更圆。

百合根

百合根有淡淡的甜味，加热以后口感热乎松软。装饰切方面，小块的百合根可以整个做成一朵花，而大个儿的就可以取一片片做成花瓣。我们通过装饰切，利用百合根好看的白色以及自然的形状，为料理增添色彩。

蛤蜊百合根

1 把百合根一片片剥出来。

2 整理侧面的形状，做成蛤蜊的样子。

3 用烧热的铁扦做花纹。

花百合根

1 不用剥开，从侧面下刀。

2 从外侧的鳞片开始，往中间一点一点削掉鳞尖，做成花朵的形状。

花瓣百合根

1 用中间部分的鳞片，利用自然的曲线整理成花瓣的形状。

2 在花瓣的尖端切缺口。

茨菇

茨菇因为发芽势头迅猛，所以被认为是好兆头的食材，经常被用于新年料理当中。茨菇肉质细腻，沟壑褶皱很少，甜味和口感都和栗子很像。在年节菜中经常被做成松子或者铃铛之类代表喜庆的形状。

铃铛

1
横着切两条刀痕。

2
保留刀痕之间的一条带，把其他的皮削去。

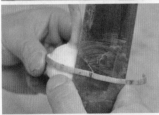

3
削掉中间带的皮。

4
用去芯筒开洞。

5
切掉底部。这时候要注意不要弄坏了。

陀螺

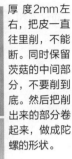

厚度2mm左右，把皮一直往里削，不能断。同时保留茨菇的中间部分，不要削到底。然后把削出来的部分卷起来，做成陀螺的形状。

茨菇仙贝

切成六边形的块状以后再切成薄片。稍微烘干水分以后油炸，可以品尝到松脆的口感。

松果

各式茨菇装饰切

（上方从左到右）陀螺、铃铛、松果，
（下方从左到右）姬六方、仙贝

1
从下往上削成六边形。

2
沿着圆形的轮廓削皮，保留芽的部分。

3
从茎的一边下刀，切V字形缺口。

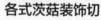

4
从茎的一边开始切出浅浅的缺口，偶尔切一个稍大的，做出花纹。

5
连底部也要切花纹，做成松果的形状。

蔓菁

冬季的蔓菁格外鲜甜，除了生吃以外，还可以做成煮物、醋物等各种各样的料理。蔓菁生吃口感爽脆，煮熟以后则软糯。因为蔓菁肉身较软，所以装饰切的种类也有很多。

菊蔓菁

1
切成大约3cm厚的圆块。

2
切入细细的刀痕，深度大概是厚度的2/3，小心不要切断。

3
旋转90°以后，以同样的方法切出格子状刀痕。

4
翻过来，切成2cm大小的粒，浸到盐水中。

5
把④浸甜醋以后，让切痕散开，形成菊花的样子。

薄 片

1
把表皮连筋一起削圆。

2
一边用左手拇指确认厚度，一边削成1mm厚度的超薄片。

扇 面

1
切成扇子形。

2
在朝上一面以中心角为中心切刀痕。

3
在刀痕与刀痕之间做波浪形。把棱角削圆，做成扇子的形状。

金枪鱼有很多种类，比如冬天会变得格外肥美的蓝鳍金枪鱼、全身鱼肉清淡爽口的黄鳍金枪鱼，以及跟蓝鳍金枪鱼很像的短鲔，等等。含有大量脂肪的大脂，脂肪和鱼肉混在一起的中脂，以及拥有鲜艳颜色的鱼肉，根据部位不同，金枪鱼的味道也会有变化。

金枪鱼

各式金枪鱼
装饰切

（上方从左到右）矶边、切粒
（中间从左到右）细条、市松纹
（下方从左到右）切片、薄片

切 片

从菜刀根部开始一直到刀尖，以画圆弧的手法往下切，切成1cm厚度的片。为了有好的口感，要把棱角清晰地表现出来。

薄 片

用引切法切成5mm左右厚度。

切 粒

切成2cm大小的粒，充满弹性的鱼肉口感会很好。

鲤鱼

鲤鱼在冬天为了过冬，会在身体里囤积脂肪，同时由于寒冷，鱼肉会变得很紧致。由于新鲜度会快速下降，必须要使用鲜活的鲤鱼。切鱼的时候如果把胆囊弄破了，鱼肉就会变苦，需要注意。

预先准备

1 敲打鱼头，把鱼敲晕。

2 从尾部下刀，起出鱼肉。

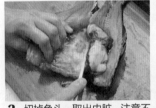

3 切掉鱼头，取出内脏，注意不要弄破胆囊。

4 取出鱼骨。

5 用筷子压住鱼肉，取出肋骨。

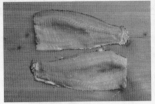

6 把鱼肉分为两块。

油炸

1 把鱼尾一边一下子摔到砧板上，然后用刀把鱼鳞连一层薄皮一起切掉。注意不能把鱼皮全部切掉，要留一层薄皮。

2 相隔3mm左右做切骨处理，切成适当大小以后上粉下锅炸。

冷鲜

1 连鱼鳞一起去皮。

2 从头部开始切成5mm厚的薄片，连骨一起切断，做成冷鲜。

炸鲤鱼淋甜醋芡汁

把切骨以后的鲤鱼炸脆，淋上甜醋芡汁以后做成的一道料理。

一品料理

比目鱼拥有充满弹性而又味道清雅的鱼肉。在寒冬时节围积脂肪，鱼肉变得紧致，鲜美程度直线上升。根据用途可以有多种多样的切法。

比目鱼

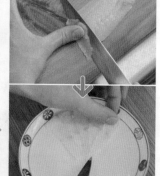

预 先 准 备

1 切掉鱼鳞，把鱼肉开成5块。

2 去掉裙边，去皮。

比目鱼薄片刺身 一品料理

薄 片

把鱼肉切成薄片，切的时候用拇指压着鱼肉，防止切坏。

透明的鱼肉沿着盘边摆成圆形，在中间放上不同口感的裙边。再配上清爽的柚子醋。

黄甘鱼是一种根据成长阶段不同，叫法不同的鱼，在12月~次年1月是当令时节。这时候的黄甘鱼会北上到北海道，在秋季南下到日本海。这时候捕获的黄甘鱼被身上围积有脂肪，鱼肉紧致，非常美味。

黄甘鱼

预 先 准 备

1 切掉鱼鳞。

2 鱼肉起成三块。

切 片

切成1cm厚度的片。切面要能漂亮地立起来。

黄甘鱼鹿子刺身
在鱼肉上切格子纹，可以更容易沾上酱油，防止脂肪让酱油流走。

一品料理

切 粒

切成1cm左右大小的粒。棱角要清晰。

河豚

11月~次年2月当令的河豚是冬季鱼类中的代表。河豚充满弹性的鲜美鱼肉，在生吃的时候会很有嚼劲，而做成火锅的话又变得口感松软，味道丰富。通过不同的切法，可以展现出这种"冬季的味觉之王"的美味之处。

预 先 准 备

1 去掉鱼鳍，切掉鱼嘴。

2 切开腹部，取出里面的内脏。

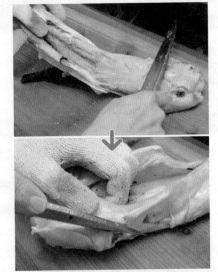

3 剥皮，起鱼肉。把鱼肉和杂碎分开。

4 取出中间的大骨。

安全处理河豚

河豚含有一种叫作河豚毒素的剧毒物质。不同种类的河豚，含有毒素的部位也不一样。一名"河豚调理师"需要具有相关知识，并且有可以安全处理河豚的技术。获得许可证的河豚调理师，才有资格处理河豚。

鲨样皮

1 把河豚皮平铺在砧板上,用菜刀紧紧贴着鱼皮上下移动,把鱼皮上细细的刺刮掉。

2 把鱼皮过一下开水,口感会变得Q弹有嚼劲。

超薄刺身

1 小心切掉包裹着鱼肉的筋膜。因为河豚有好几层皮,所以需要仔细去除。

2 斜着下刀,把鱼肉切成1.5mm薄的片。从刀尖开始下刀,再一口气往下拉。

3 用左手和菜刀,把鱼肉贴到盘子上放好。

一品料理

超薄刺身
透明的鱼肉毫无间隙地铺满盘子,就像盛开的鲜花一样养眼。

装饰切的心得

⊙一、食材

不仅仅是装饰切，料理的基本在于食材。选取新鲜高质量的食材是料理的必要条件，培养这样的眼光是非常重要的。在日常处理食材的过程中，需要掌握诀窍，知道各种食材的特征，以及怎么样才算好的食材。

⊙二、技巧

难得选到了好的食材，要是没有相应的技术，那也是没有意义的。反复练习是装饰切的首要要素。与其要人教，还不如多加练习，才能掌握诀窍。知道诀窍以后，刀尖就会像自己的指尖一样，人刀合一。我们需要达到的是拿起菜刀，就像是用自己的手指在切、在削一样的境界。

⊙三、步骤

做料理必然会有相应的步骤。从工具检查开始，还要做好预先抹盐、煮熟之类的事前准备。有很多工作是可以在空闲时间准备的，我们需要更有效率地开展工作。在工具和事先准备都完成到位的情况下，我们才能做出更好的装饰切。

⊙四、工具

作为一名料理人，做好工具的保养是最基本的事情，但是也不是说你有好的工具，就能做出好的装饰切了。"没有好的技术，就用不来好的工具"这句话是有道理的，一流的厨师应该同时具备两者。我们要每天磨练手艺，提高技术，才能达到更高的水准。

⊙五、勤俭之心

用心料理精选出来的食材，多考虑皮啊根啊这些边角料是不是能用到什么料理中去，减少浪费。尤其是装饰切，切完、削完以后会剩下很多边角料，更加需要多加心思，把它们用到料理中去。

⊙六、审美意识

光靠好的食材和高超的技巧是不能做出真正美味的料理的。必须具备的最后一点是感性。大小、形状、色彩、口感、香气、摆盘、器皿的搭配，等等，这些都需要一个平衡感。观感、味道、香气、口感、声音，我们让五感变得敏锐起来，方能做出好的料理。大家需要锻炼五感，掌握优秀的审美意识。

第五章

装饰切基本技巧

圆

这是萝卜一类根菜和芋类，以及大部分蔬菜的基本形状。在削皮的同时，把蔬菜的形状做成自然的圆形。

半月

切成圆块以后，再对半切开，做成半个月亮的样子，称为半月。

1 尽量选直一点的萝卜，切成段（图中大约1.5cm厚）。确保两个切面都保持水平。

1 和"圆形"同样切段（参考左边），垂直下刀，把圆块刚好切成两半。

2 在削皮的时候，注意让边缘形成一个圆。

2 确保棱角都是直角。

银杏

从圆切到半月，再切一半以后，形状看起来就像是银杏叶一样。

1 从圆切成半月以后，垂直下刀，再进一步切成两半。

2 确保棱角都是直角。

削圆角

这是萝卜一类根菜和芋类，以及大部分蔬菜的基本形状。在削皮的同时，把蔬菜的形状做成自然的圆形。

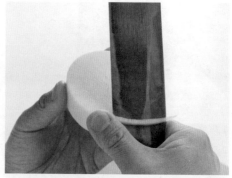

1 食材切段以后，轻轻削去棱角，让锐利的边角变钝。

2 在有多个切面的时候，要把全部棱角都削掉。

四边

把切成圆段的食材的圆弧切掉，让角呈90°，四边长度均等，做成正四边形。是六边、五边的基本形。

1 把食材切成需要的长度，削皮切圆。

2 把①横置在砧板上，垂直下刀把圆弧切掉。

3 把②中切掉的一面朝下，再垂直下刀把第二个面切下来。

4 切掉的面朝下，切第三个面。这时候，第三个面要跟第一个面平行。

5 与④同样步骤切第四个面。

6 确认四条边的长度是否一致，角度是不是90°，能不能成一个正四边柱。

六边

五边

把角切成120°的就是六边，把角切成108°的就是五边。不过，要切成正五边形是很有难度的，需要多加练习才能掌握诀窍。

1 食材切成需要的长度以后，削圆，然后切掉六边形的一面。

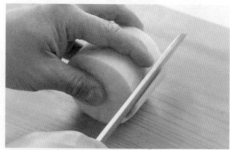

1 食材切成需要的长度以后，削圆，然后切掉五边形的一面。这时候，菜刀要与砧板呈72°角下刀。

2 菜刀与第一个面呈120°，切掉第二个面。

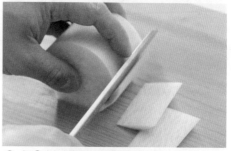

2 把①中切掉的一面朝下，以同样角度下刀，重复第一步和第二步，切成五角形。

3 以此类推，切掉6个面。这时候，相对的两个面是平行的，而且角度都是120°。

3 角度全都是108°，边长相等，且相对两条边的中线都与五边形的中心相交，这样才算一个好看的五边形。

六方

利用里芋、蔓菁等球形蔬菜的圆形轮廓的一种削皮方法。

1 把食材的上下两面切掉，切面要互相平行。

2 与六边一样，把角切成120°。

3 沿着食材的轮廓，菜刀以一定的角度下刀。

4 沿着食材的弧度削，在切面那一面看角度要呈120°，如此削出六个面。

5 用右手拇指来把握皮的厚度，削出来的皮就会一样厚，也能固定菜刀的角度。

片刀

作为一名厨师，片刀是削蔬菜时最基本也是最重要的技巧。需要经过不断练习，才能掌握厚度平均的诀窍。

1 选取又粗又直的萝卜，把叶的一头切掉。

2 切成适当长度（图中大约20cm）。长度越长，难度越大。

3 把萝卜削两圈，整理成圆柱形。

4 从上到下粗细要一致。

5 右手拇指放在刀刃上方，左手拇指放在稍微靠上的地方开始削。

6 削成平均的厚薄。一开始优先保证质量，不用太快。厚度可以根据用途来改变。

7 用两个拇指感知厚薄，菜刀不是往前推，而是上下移动的同时，用左手转动蔬菜。

8 不间断地削到萝卜细得不能再削了为止。

兼具实用和美观的装饰切

通过各种各样的装饰切，我们可以把食材的味道充分发挥出来，
同时还有防止煮烂等效果，让料理的
观感更加美观而多彩。

虎鱼薄片刺身
虎鱼肉做成薄片刺身，可以品尝到其
独特的弹性。

青芋茎圣女果沙拉
青芋茎和圣女果切成同样厚度，让它们的
颜色产生色彩对比。

沙鲅手握
在鱼皮上切刀痕，可以让鱼肉更易入口，
外观也会更好看。

青芋茎虾肉卷
青芋茎削成卷以后包裹虾肉，淡绿色和
粉红色共同营造清爽的氛围。

炸康吉鳗
骨切处理过后炸松脆，就可以品尝到
外脆内嫩的口感了。

鳗鱼涮锅
鳗鱼切骨，口感丰满有嚼劲，可以和秋季
时令蔬菜一同品尝。

带鱼拌紫苏
带鱼切双飞，可以进一步提升
鱼肉细腻的美味。

甘薯包衣炸带鱼
甘薯切成条以后包裹带鱼进行油炸，
口感松脆。

小蔓菁宝乐
小蔓菁切成宝乐（砂锅）状，在里面填满
当令的各种美味食材。

莲藕金平
重点保留了莲藕切条以后爽脆的口感。

芋头乌冬
大个儿里芋削卷，表现出顺滑的口感。

蔓菁三文鱼绢田卷
用削成卷的蔓菁包裹三文鱼粒，让它们
产生红白的对比。

海参拌萝卜蓉
海参和莴苣切成碎粒，再拌上萝卜蓉。

马鲛昆布奈良渍卷
马鲛薄片和切成短册状的奈良渍，共同
营造出美妙的味道和口感。

专栏6

鲜鱼的预处理〈水洗〉的基本方法

所谓水洗，就是给鱼刮鳞、去鳃、去内脏，最后洗干净这一系列的准备工作。也有些鱼是不需要水洗就可以直接起肉的。还有一种不用把鱼剖开，从鱼鳃就可以取出内脏的技巧。

—— 鲷鱼水洗 ——

1 刮掉鱼鳞。

2 切离鱼鳃。

3 剖开腹部，取出鱼鳃和内脏。

4 切掉腹部的硬皮。

5 一边冲水，一边用笊帚清洗内侧的血污。

6 把整条鱼洗干净。

—— 整鱼去内脏 ——

把鱼鳃切离，插入竹筷，在里面旋转，缠上内脏然后拉出来，用水洗净。

160

第六章

肉类、加工品、珍味的装饰切和香料、配菜、垫菜等

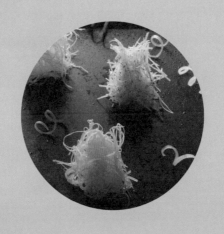

牛

把牛肉切细，让比较硬的筋变松散，更易入口。而做成面条状以后，牛肉表面的脂肪可以带来顺滑的口感。

牛肉细面

切成5mm厚的薄片以后，再切成5mm细的条状。为了让口感更好，切面要切出直角。

猪

厚猪肉味道丰富，相当美味。不过还可以切蓑衣纹，让肉更易过火的同时，口感也更柔软。

炸猪排

1 脊肉切成2cm厚。斜向切刀痕，深度是厚度的一半，也就是1cm。

2 反过来，切和①一样的斜纹，就像做蓑衣一样。

鸭

鸭子的皮和肉都相当紧致，所以可以切成带状以后包裹其他食材一起料理。这么做，也会让食材更容易受热。由于鸭肉比较有弹性，所以在半冷冻状态下比较好切。

葱烧鸭肉

1
取出胸肉的油脂和筋，鸭皮只保留周围的一点，其他切掉。

2
把①半冷冻以后前后交错下刀。

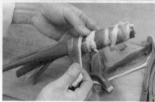

3
拉长成带状，包裹九条葱以后切段。除此以外，还可以用牛蒡或者芦笋。

鸡

鸡肉比鸭肉的皮更软，做成观音开以后让厚度均等。包裹牛蒡或者扁豆等食材会更易料理。鸡肉也是半冷冻比较好切。

鸡肉牛蒡卷

1
把半冷冻状态下的鸡腿肉切观音开，让厚度一致。

2
包裹牛蒡。

3
把②用绳绑起来，做成蒸煮。

生面筋

面筋鳗鱼饭

面筋切细纹，做成鳗鱼肉的样子，营造出鳗鱼香软的口感。

1 面筋纵向开边，不要切断。

2 切细纹，让面筋更易入味，做酱烧。

鱼糕

手握和迷你汉堡

给厚鱼糕切纹，做成易入口的手握；迷你汉堡则是用圆筒把鱼糕切成圆形，做成圆面包的样子，是两种相当有趣的装饰切。

在表面切细纹，注意不要切断了。

蒟蒻

蒟蒻鹿子煎煮

通过切格子纹，让蒟蒻更易入味。还可以切麻花或者切成刺身一样的薄片。

高野豆腐

高野豆腐泡开以后施以装饰切，可以给烩饭等料理增加层次。

各式装饰切

（从上到下）错切、高野花菱、麻花

干海参卵巢

（从上到下）笤帚、切条、末广、碎粒

珍 味

干鱼子

（从上到下）切条、短册、碎粒

鲫鱼寿司 薄切

鱼肉切成薄片，鱼头和其他部分剁碎做成丸。

干海参

（从左到右）八桥、碎粒、切条

配菜

切成细丝的配菜可以给刺身等料理带来丰富的色彩，吃入口中还有清爽的口感。

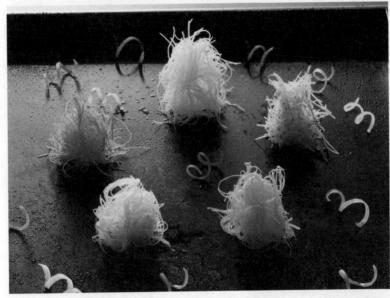

（从里面往外顺时针）
萝卜、南瓜、西洋胡萝卜、黄瓜、金时胡萝卜

香料

打开盖子的一瞬间，香气扑鼻而来。碗物中不可或缺的香料，也有着丰富的种类。

（上方从左到右）
青柚子皮、酢橘、葱芽
（第二行从左到右）
一味、山椒、胡椒
（第三行从左到右）
山葵丝、生姜丝、山葵·生姜·辣椒
（下方从左到右）
岩海苔、梅肉、山椒芽

柚子的各种切法

柚子鲜明的颜色和香气可以给料理带来层次感。装饰切的变化也很丰富。

（上方从左到右）
松叶柚子、末广
（中间从左到右）
圆、丝儿、一文字
（下方从左到右）
折松叶、小碎粒、
结、大碎粒

拌碟

拌碟是给料理带来季节感，增添色彩，以及平衡味道的重要配角，是日本料理中不可缺少的存在。

（上方从左到右）
防风草、小玫瑰、
甘草芽
（中间从左到右）
菊花、莺菜、紫
芽、青芽
（下方从左到右）
钠沙蓬、穗紫苏、
番杏

垫菜

选择新鲜的花草枝叶，经过一番精心布置，做成料理的铺垫。

（从左上开始）长叶松、松叶、椿叶、交让木的叶、菊花、菖蒲、梅花、
柊叶、桃花、桧叶、麦穗、菜花、樱花、东北石松、牡丹、麻叶绣
线菊、竹叶

第七章

当季水果、甜点的
装饰切

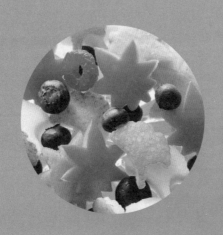

水果一般都是新鲜的生吃，所以我们要在考虑口感的同时，让它们更好看，更吸引人。

春季水果

草莓花、奇异果花、波浪橘子

我们用三种水果表现清爽的春季风情。有效利用果皮，营造出华丽的感觉。

夏季水果

蜜瓜船、芒果球、菠萝塔

利用大型水果的果皮，做成小船或者塔这种给人耳目一新感觉的造型。水果都切成易入口的大小。如果有籽的话，则应该仔细去掉。

Fruits

秋季水果

红叶柿子、银杏梨、覆盆子、蓝莓

用模具给秋季的水果造型，然后做成拼盘。外形美观，大小也适中。浆果类的水果无论是味道还是外形都可以为料理增添层次，所以各种地方都可以用到。

冬季水果

苹果片、苹果皮丝带

苹果容易氧化变色，所以切片以后要马上浸到盐水里面。苹果皮我们也不要浪费，把它切成细长的丝带状，铺到苹果片上面，做成苹果馅饼的样子。

这些是用当季蔬菜所制作的水帘（作者做厨师长的料理店）原创甜品。
健康美味的装饰切为料理增添色彩。

春季甜品

添加了蕨菜粉以后制作而成的
蕨菜饼，拌以浓醇的蛋奶糊，
做成的一道东西结合的料理。
蕨菜茎切成小块，可以让口感
更丰富。蕨菜饼软糯的口感，
加上粘稠的蛋奶糊，两者相得
益彰，让料理更加美味。

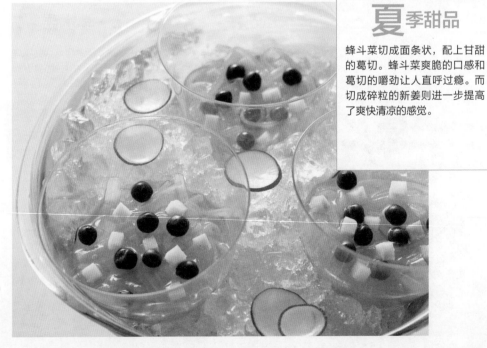

夏季甜品

蜂斗菜切成面条状，配上甘甜
的葛切。蜂斗菜爽脆的口感和
葛切的嚼劲让人直呼过瘾。而
切成碎粒的新姜则进一步提高
了爽快清凉的感觉。

秋季甜品

把松软粘糯的海老芋切成2cm
大小的块状以后，稍微炸脆，
加糖做成大学芋。装盘也是利
用了方块的立体感。最后撒上
一点黑芝麻，提升香气。

冬季甜品

百合根压泥隔渣以后，发挥其
自然的甜味做成羹，再加上切
粒的草莓、苹果、黑豆、糯米
圆子等。敲开最中薄脆的外皮，
里面则是软糯的百合根汤羹。

岛谷宗宏

1972年出生于奈良县。高中毕业后，在"京都新都酒店松滨"师从黑崎嘉雄。此后，陆续在"岚山辨庆""贵船Hiroya"等餐馆积累经验，在2003年担任"都旬膳月之舟"料理长。在2009年日本料理学院"第2回日本料理大赛"地区预选大赛中获得冠军。2010年，在东京电视台TV Champion R"世界刀工王决定战"中获得冠军。于2012年担任"宫川町 水帘"初代料理长。凭借其精湛的刀工和细腻的感性，做出的料理获得了从京都到日本以及国外美食家的赞誉。

（后排左起）驹原猛思、河岛亮、岛谷宗宏、榢並将史、金本大史
（前排左起）日冈良辅、田中大圣

宫川町　水帘

采用时令新鲜食材，以合理的价格为顾客提供正宗日本料理。从吧台到包间一应俱全，顾客可以在充满季节感的装潢和温暖的气氛中，品尝反映四季变迁、充满时代和人文气息的料理。这是花街·宫川町最好的京都料理新进名店。

图书在版编目（CIP）数据

日本料理刀工专业教程：鱼类贝类肉类蔬菜加工一本通 / （日）岛谷宗宏著；曾剑峰译. —— 北京：人民邮电出版社，2018.5
ISBN 978-7-115-47942-6

Ⅰ. ①日… Ⅱ. ①岛… ②曾… Ⅲ. ①菜谱－日本－教材 Ⅳ. ①TS972.183.13

中国版本图书馆CIP数据核字（2018）第038973号

版权声明

烹饪（调制）制作助理：河岛亮、日冈良辅、楪井将史、金本大史、 驹原猛思、田中大圣、寺原未央

摄影：岩崎奈奈子

编集·文：郡麻江

设计：菊池加奈

企划制作：水谷和生

内 容 提 要

本书是专业的日本料理食材处理教程，书中对包括鱿鱼、虾、贝等鱼类和贝类，牛肉、猪肉、鸭肉等肉类，鸡蛋、海带、魔芋等蔬菜类食材的加工、摆盘和制作都一一进行了详细的介绍与图解示范，包括工具的选择、手法的示范、造型的设计以及摆盘的注意事项等，既美观又实用。

本书适合专业厨师、职业技术学校师生、厨师学徒阅读。

◆　著　　　　[日] 岛谷宗宏
　　译　　　　曾剑峰
　　责任编辑　李天骄
　　责任印制　周昇亮

◆　人民邮电出版社出版发行　　北京市丰台区成寿寺路 11 号
　　邮编　100164　　电子邮件　315@ptpress.com.cn
　　网址　http://www.ptpress.com.cn
　　北京东方宝隆印刷有限公司印刷

◆　开本：700×1000　1/16
　　印张：11　　　　　　　　　　　　2018 年 5 月第 1 版
　　字数：214 千字　　　　　　　　　2018 年 5 月北京第 1 次印刷
　　著作权合同登记号　图字：01-2017-3657 号

定价：59.00 元

读者服务热线：(010)81055296　印装质量热线：(010)81055316
反盗版热线：(010)81055315
广告经营许可证：京东工商广登字 20170147 号